乡村振兴战略之乡村人才技能提升精品教材

稻田生态综合种养新技术

◎ 孙皓　主编

中国农业科学技术出版社

图书在版编目（CIP）数据

稻田生态综合种养新技术 / 孙皓主编 .—北京：中国农业科学技术出版社，2019.6

ISBN 978-7-5116-4260-8

Ⅰ.①稻…　Ⅱ.①孙…　Ⅲ.①稻田-生态农业　Ⅳ.①S511

中国版本图书馆 CIP 数据核字（2019）第 121328 号

责任编辑　白姗姗
责任校对　贾海霞

出 版 者　中国农业科学技术出版社
北京市中关村南大街 12 号　邮编：100081
电　　话　(010)82106638(编辑室)　(010)82109702(发行部)
(010)82109709(读者服务部)
传　　真　(010)82106650
网　　址　http://www.castp.cn
经 销 者　各地新华书店
印 刷 者　北京富泰印刷有限责任公司
开　　本　850mm×1 168mm　1/32
印　　张　6
字　　数　140 千字
版　　次　2019 年 6 月第 1 版　2019 年 6 月第 1 次印刷
定　　价　39. 90 元

#《稻田生态综合种养新技术》

编委会

主　　编：孙　皓

副 主 编：谭维娜　孙法军　逄孝云　王　艳
童朝亮　唐仁庚　李影宾　刘　云
王　锐　许冬梅　鲁　荣

编写人员：刘　涛　陈学年　房霞娣　穆苏华
刘玉惠　李　敏　马银燕　惠　峰
李彦苇　秦君涵

前　言

稻田综合种养新技术，将种植水稻与名特产养殖密切结合起来。不仅提高了土地和水资源的利用率，而且稳定了农民种粮积极性；不仅降低了生产成本，减少了化肥、农药的使用，而且提高了名特水产品和水稻的品质。

本书介绍了有关稻田综合种养的相关知识，包括：稻田生态种养的概况，稻田生态种养的水稻栽培与管理，稻—鳖、稻—鳅、稻—蟹、稻—蛙、稻—虾（小龙虾）、稻—鳝、稻—鸭、稻—鱼、稻—螺、稻田复合生态种养模式及技术等内容。

本书围绕农民培训，以满足农民朋友生产中的需求。书中语言通俗易懂，技术深入浅出，实用性强，适合广大农民、基层农技人员学习参考。

编　者

2019 年 5 月

目　录

第一章　稻田生态种养的概况

第一节　稻田生态种养的意义与作用

伴随经济发展、人口增多，农耕土地逐渐被改造利用以加快适应城镇化发展的需要，而百姓对粮食和动物蛋白的需求却一如既往，要解决需求与供给矛盾，就需要我们充分发挥利用土地资源，在有限的土地上增加产出。另外，在现代农业发展过程中出现的点面污染，也极大影响了土地的循环再利用，破坏了生态环境，影响了食品安全，寻找农业可持续发展的途径、发挥农业生产最大的自净效能就显得很有必要。稻田综合种养技术是将种植水稻和养鱼结合起来的生产方式，实现了“一水两用、一地双收”，其重要意义在于能充分合理利用土地资源，开展可持续性循环农业，既能提高种植和养殖经济效益，又能收获健康农产品，还可促进社会和生态效益。

目前，稻田综合种养尚未全面推广，仍在边试验边推广，但可喜的是采用该技术模式所产生的社会、经济和生态效益逐渐被人们认可。水稻在生长过程中不打农药不施化肥，不仅有效吸收了养殖过程中产生的富营养元素，较好地净化了养殖水体环境，而且为养殖对象的生长提供了良好的栖息环境，养成后产出的生

态大米和水产品，属于无公害绿色食品。池塘稻米目前的市场价大约在 24 元/千克，给农民带来了不小的经济效益。

第二节 稻田生态种养的现状及效益

一、稻田生态种养的现状

随着农村经济的发展和科技的进步，稻田种养模式不断完善和升级。满足生态循环的需要，保证生物多样性，使稻田种养的物种越来越丰富，不仅有养殖动物还有特种植物和菌类。

传统的稻田养殖为平板式养殖，人放天养，自产自销。近年来，稻田养殖的技术含量得到不断提高，根据种植水稻和养殖水产的要求，人们在稻田中开挖鱼沟，将挖出的田泥堆在沟的两侧形成垄，在垄上种稻，沟内养鱼。具体表现在：种养品种的生物技术改造；种养条件的规模化、标准化改造；田间设施的专业化和标准化建设；生产技术规程的工艺及产品标准化。规范化稻田养殖，要求鱼凼面积占水稻田面积的 8%～10%，水深 1.5 米以上，用条石、火砖等硬质材料嵌护；田埂加高加固到高 80 厘米、宽 100 厘米；结合农田水利建设，做到田、林、路综合治理，水渠排灌设施配套，实现了立体开发、综合利用稻田生态系统，最大限度地提升了稻田的地力和载养力。例如，田凼沟相结合模式，要求鱼凼水深 1 米以上；沟凼面积占稻田面积的 5%～8%；靠近水源，排灌方便；沟凼相通，沟沟相连；坑凼结构坚固耐用；同时要求优化放养品种结构。江苏大力推行宽沟式稻渔工程，要求鱼、蟹沟养殖面积占稻田面积的 20%

以上，实行渠、田、林、路综合治理，桥、涵、闸、房统一配套。陕西将稻鱼轮作延伸到鱼草轮作，每年 9—10 月待鱼并塘后，抽干池水，种草，至翌年 5 月收割完最后一茬草后便注水养殖鱼种，一般亩（1 亩≈667 平方米。下同）产草 7 500~10 000千克，可转化为经济动物产量 200~300 千克。

二、稻田生态种养的效益

稻田养殖是一种集传统和现代化于一身的农业生态系统，传统表现在种植水稻和养鱼这种作业方式上，现代化体现在稻田养殖的生态效益上。稻田生态系统除有水稻、水生动物外，还有杂草、水稻害虫、微生物病菌等生物，鱼类以杂草、昆虫、浮游生物为食，少部分消化吸收构成肌体，其余形成粪便排出，增肥水体。相关研究证明稻田养殖具有控草、控虫、控病效应，能改善土壤肥力，促进水稻植株生长，改善稻田水体环境的效用。稻田养鱼除草效果明显，与水稻单种相比，稻鱼共生田里杂草密度和生物量分别减少了 82.14%和 88.91%，比农药除草效果还好；稻田养鱼防虫害效果显著，能有效控制稻飞虱和泥包虫等常见害虫；鱼类会争食带有纹枯病菌核、菌丝的易腐烂叶鞘，从而达到及时清除病原、延缓水稻病情扩展的目的。

稻鱼共生系统中，鱼类吃进的杂草中 30%~40%转化成自身能量，还有 60%~70%以粪便形式排泄回田中，起到积肥、增肥作用，有试验结果显示，养鱼田比非养鱼田有机质增加 0.4 倍，全氮增加 0.5 倍，速效钾增加 0.6 倍，速效磷增加 1.3 倍。研究证实由于稻田中鱼类的活动能起到松土、增温、增氧，使土壤通气性增强以及根系活力增强等作用，使得稻穗长、颗粒多、

籽粒饱满、水稻增产。

稻虾共作模式对生态修复起到了明显作用。一是虾沟水渠改造、植被栽植修复以及农药化肥用量减少，对生态环境起到保护作用。二是普遍采用太阳能生物诱虫技术，为小龙虾提供了部分饵料来源的同时，也有效防治了稻飞虱等病虫害的发生，使水稻亩产提高 50~75 千克。三是通过完善稻田工程，便于晒田和蓄水，使抗旱排涝有了保障，晒田又为小龙虾的生长繁殖提供了有利条件。四是稻草还田，使大量有机质转换为小龙虾饵料，增加了小龙虾产量，也改变了焚烧秸秆的现象，保护了环境。生产中可充分利用稻田综合种养生态安全的功能优势，减少化肥和农药使用量、减少面源污染、改善生态环境，生产出更多质量安全的水稻和水产品。

稻田养殖充分利用了稻田水面、土壤和生物资源开展种稻、养鱼，是一种利鱼利稻的先进生产方法，稻鱼共生，耕养结合，实现了一田多用，提升了稻田价值。稻田养殖后不再需要耘田、拔草，减施化肥、农药，可节省成本，不仅不影响水稻的生长，还能促进水稻增产，增加水产品产出，使稻田养殖的总收入和净收入都得到提高。

稻鱼共生互促，可以减少化肥农药使用，每亩可节约成本 30~50 元。稻鱼模式下的稻米和水产品品质优良，较普通稻米和水产品价格高，稻米普遍比普通稻米每千克多卖约 0.4 元，有的鳖田米、蟹田米可卖到每千克 40 多元，调查表明，稻综合种养比单种水稻亩均效益增加 90%以上，平均增加产值 524.76 元，采用新模式的增加产值都在 1 000元以上。如“稻虾共作”模式亩均产值增加 1 456.28元，效益增加 258%；稻鳅模式亩均

产值增加 1 762. 89元，效益增加 901%；稻鳖模式亩均产值增加 13 744. 94元，效益增加 5 549%；稻蟹模式亩均产值增加 2 484. 33元，效益增加 351%。

生态安全，社会稳定。稻田养殖是一种高效生态的养殖模式，山区青山绿水，自然环境条件优越，规范化稻田养殖除了作为第一产业开发外，还可以依托优美的大自然环境与旅游结合，开发第二产业、第三产业，如农业休闲生态园等。发展稻田养殖，是农村经济增长的亮点，增加了农村就业机会，留住了农村劳动力，缓解了冬闲田的抛荒现象。

发展稻田养殖有益于改善农村的环境卫生，保障人民的身体健康。水稻田为害人畜的蚊幼虫密度很大，如库蚊和按蚊等，是传播疟疾、乙型脑炎、丝虫病的主要媒介。稻田养殖动物后，基本上消除了蚊幼，减少蚊虫为害。

第三节 稻田生态种养的发展前景

一、拓宽产品市场，打造品牌生态农产品

循环农业由于在生产活动中利用了生态环境的自净功能，养鱼过程中产生的代谢物以及种植水稻过程中产生的病虫害等都能为池塘自身利用或得到有效控制，农药和肥料的使用大幅减少，生产出的大米和水产动物安全生态，是当前日益复杂而备受社会广泛关注的食品质量安全问题，这样的生产方式更为人们所信赖，容易得到老百姓的认可和推崇。另外，池塘种植产出的高秆稻米，就口感来说偏硬不糯，且市场售价偏高，故

在口感上有待进一步选育改进，在价格上也有讨论的空间。同时，塘内养殖的稻香鱼产品，也同样面临打开和扩大市场的问题。为全面打开生态农产品的市场，首先产品质量要过硬，包括改良水稻品种和改善水产品肉质口感；其次做好产品宣传和品牌打造，品牌效应一直以来都是消费者比较关注的，现在大多地方进行了生态渔稻种养后，习惯自营一个品牌，这就导致品牌数量多而杂，消费者无从选择，建议努力做好一个品牌，扩大影响力，不同地区的类似产品通过加盟形式或是形成系列产品形式，让消费者熟悉认可；再就是赢得消费者口碑，质量有保障、价格有商量，口口相传取得信任，让更多消费者了解和愿意购买。一旦产品有了市场，势必进一步提高和激发渔农民的生产积极性，从而增加经济效益，改善和提高生活水平。

二、加强有关产业关键技术和养殖模式研究

无论是文化的传承，还是产品的推广，或是产业链的扩大，科学技术支撑都是强有力的后盾。尤其是池塘种稻发展历史短，很多关键性技术尚需完善。例如，适合不同塘体的水稻品种选育、稻苗营养不良、遭病虫害侵蚀、池塘田地中各类生物错综复杂的竞争生长、捕捞和收割的机械化设备改造、池塘生态学机制研究等。同时，对于已取得的研究成果，需要与基层农技推广部门合作，通过示范带动、辐射和推广，促进新农村建设，推动传统农业的产业结构转型，提高从业者的种养综合效益，提升农业产业。

循环农业的发展是一项长期的公益性事业，尤其是现代农业的发展，离不开政府有关部门的政策和项目支持，有关主管

部门应加大对相关项目的科研支持力度。同时，科技工作者需要综合多学科，通过学科交叉，与有关科研院所和技术推广部门等通力合作，从科研、产品和推广等层次上，推动循环农业产业的快速发展，为农业现代化、设施化和数字化奠定基础。

第二章　稻田生态种养的水稻栽培与管理

第一节　水稻栽培技术

一、育苗前的种子处理

(一) 种子的选用

如果种子储藏年久，尤其在湿度大、气温高的条件下储藏，具有生命力的胚芽部容易衰老变性，种子细胞原生质胶体失常，发芽时细胞分裂发生障碍导致畸形，同时稻种内影响发根的谷氨酸脱羧酶失去活性，容易丧失发芽力。在常温下，储种时间越长、条件越差、发芽能力降低越快。因此，最好使用前一年收获的种子。常温下水稻种子寿命只有两年。含水率13%以下，储藏温度在0℃以下，可以延长种子寿命，但种子的成本会大大提高。因此，常规稻一般不用隔年种子。只有生产技术复杂，种子成本高的杂交稻种，才用陈种。

(二) 种子量

每公顷需要的种子量，移栽密度30厘米×13.3厘米时需40千克左右；移栽密度30厘米×20厘米时需30千克左右；移

栽密度 30 厘米×26. 7 厘米时需 20 千克左右。

（三）发芽试验

水稻种子处理前必须做发芽试验，以防因稻种发芽率低，而影响出苗率。

（四）晒种

浸种前在阳光下晒 2~3 天，保证催芽时，出芽齐，出芽快。

（五）选种

选种指的是浸种前，在水中选除瘪粒的工作。一般水稻种子利用米粒中的营养可以生长到 2. 5~3 叶，因此 2. 5~3 叶期叫离乳期。如果用清水选种，就能选出空秕子，而没有成熟好的半成粒就选不出来。用这样的种子育苗时，没有成熟好的种子因营养不足，稻苗长不到 2. 5 叶就处于离乳期，使其生长缓慢，到插秧时没有成熟好的种子长出的苗比完全成熟的稻苗少 0. 5~1. 0 个叶，在苗床上往往不能发生分蘖，而且出穗也晚3~5天。如果用这样的秧苗插秧，比完全成熟的种子长出的稻苗减产 6. 0%左右。所以选种时，水的相对比重应达到 1. 13（25 千克水中，溶化 6 千克盐时，相对密度在 1. 13 左右）。在这样的盐水中选种就可以把成熟差的稻粒全部选出来，为出齐苗，育好苗打下基础。但特别需要注意的是盐水选种后一定要用清水洗 2 次，不然种子因为盐害不能出芽。

（六）浸种

浸种时稻种重量和水的重量一般按 1：1. 2 的比例做准备，浸种后的水应高出稻种 10 厘米以上。浸种时间对稻种的出芽有很大的影响，浸种时间短容易发生出芽不整齐现象，浸种时间

过长又容易坏种。浸种的时间长短，应根据浸种时水的温度确定，把每天浸种的水温加起来达到 100℃（如浸种的水温为15℃时，应浸7 天）时，完成浸种，可以催芽。有些年份浸完种后，因气温低或育苗地湿度大不得不延长播种期。遇到这样的情况，稻种不应继续浸下去，把浸好的种子催芽后，在 0～10℃的温度下，摊开10 厘米厚保管，既不能使其受冻，也不让其长芽。到播种时，如果稻种过干，就用清水泡半天再播种。

（七）消毒

催芽前的种子进行消毒是防止水稻苗期病害的最主要方法。按照消毒药的种类不同可分为浸种消毒、拌种消毒和包衣消毒，因此应根据消毒药的要求进行消毒。现在农村普遍使用的消毒药以浸种消毒为多，这种药的特点是种子和药放到一起一浸到底，很省事。但在浸种过程中，应每天把种子上下翻动一次，否则消毒水的上下药量不均，上半部的稻种因药量少，造成消毒效果差。

二、肥料运筹与科学施肥

（一）肥料的作用和分类

1. 肥料的分类

肥料是指用于提供、保持或者改善植物营养和土壤物理、化学性能以及生物活性，能提高农产品产量，改善农产品品质，增强植物抗逆性的有机、无机、微生物及其混合物料。所提供的方式就是人工施肥，所使用的肥料通常叫做有机肥和化肥。

化肥可进行以下分类。

按营养成分可分为氮肥、磷肥、钾肥、中微量元素肥、微量元素肥、有机肥（农家肥）、微生物肥料以及氨基酸肥等。

按化学性质分为酸性肥、碱性肥、中性肥。

2. 农家肥

农家肥是有机肥的一种，它是农民通过自家积攒的、经过腐熟的肥。农家肥不经过市场交易，完全是一种自产自用的肥料。农田中所使用的农家肥为基肥或叫底肥。

农家肥含有作物所需的多种营养元素和丰富的有机质，是一种完全肥料，它来源广、后劲长、保肥保水能力强，并且具有改土培肥的作用，对土壤和作物没有不良影响。缺点是养分含量低、肥效缓慢、用量大。有机肥是提高土壤肥力的主要途径，表现在增加土壤有机质和平衡土壤养分。土壤有机质为植物提供营养和能量，具有增加土壤缓冲性和保水保肥能力、改善土壤团粒结构、调节土壤物理性能的作用。

农家肥在施用时必须进行腐熟，因为未腐熟的农家肥含有多种杂草种子、病菌、虫卵等对水稻有害有毒物质。在腐熟过程中，利用自身所产生的高温，杀死含有的草籽、病菌、虫卵等，并且缩小了农家肥体积，减轻了重量，提高了农家肥质量、节约运力。施用时一定要均匀，否则局部施用过多会造成植物徒长，将引发多种病害；过少不能够发挥出有机肥的长效作用。

（二）肥料中的氮、磷、钾

肥料中的氮、磷、钾被称为营养三要素。这三种营养在水稻体内的作用不尽相同。氮肥主要起促进水稻生长的作用，如长高、分蘖、长叶、增加叶片中叶绿素等，因此没有氮素就根本没有产量。水稻缺氮时，生长缓慢，植株矮小，叶片发黄。

缺氮症状先从下部老叶开始发黄，逐渐扩展到上部幼叶，一片叶先从叶尖开始，后沿中脉扩展至整个叶片。成熟期提早，成穗率低，有效穗少，穗子短，每穗粒数少，产量低。氮肥施用过量时，水稻叶片深绿，肥厚宽大，植株高大、柔软，茎、叶疯长。分蘖大量发生，叶片下披，通风透光不良，易诱发病虫害，甚至发生倒伏，造成水稻贪青晚熟，空秕粒大量增多，导致产量下降。

所以氮、磷、钾肥是水稻生长中缺一不可的营养元素，一定要按土壤中对三要素的亏缺程度和产量目标，适当配合施用。水稻吸收氮肥量最多的时期是分蘖开始到穗分化期（坐胎），占吸收总量的65%~70%，从返青期到分蘖期，穗分化期各占15%~20%，抽穗期到成熟期占5%~10%。可见，水稻吸收氮肥的盛期在穗分化前的分蘖期，而且营养最大吸收期在分蘖末期到穗分化期，也就是6月20日至7月10日期间。吸收磷肥高峰期在水稻分蘖到成熟期。吸收钾肥的高峰在分蘖期到抽穗期，而穗分化到抽穗期更是吸钾肥的高峰期，从抽穗到成熟，对钾肥的吸收基本停止。

每公顷总施肥量为尿素440~460千克、二铵200千克、钾肥150千克，缺锌地还应加施硫酸锌30千克。其中，底肥：尿素100~120千克，二铵200千克和钾肥75千克，结合耙地施入土中。分蘖肥：5月末6月初施分蘖肥，每公顷尿素100千克。补肥：6月中旬每公顷施补肥尿素50千克。穗肥：7月下旬每公顷施穗肥为尿素120~150千克加75千克钾肥。粒肥：出穗后根据水稻长势施粒肥，如叶落黄时每公顷施尿素45千克左右。

1. 氮肥

氮肥按形态可分为三类：铵态氮肥（硫酸铵、碳酸氢铵

等）、硝态氮肥（硝酸铵、硝酸钙等）、酰胺态氮肥（尿素等）。

氮素是水稻所需的固体元素中的首要元素。水稻生产中所使用的氮素肥料主要是尿素、硫酸铵和磷酸二铵及复混肥料等。尿素含氮量为44%~46%，是固体氮肥中含氮量最高的有机态氮素肥料，理化性质比较稳定，其纯晶为白色或略带黄色的结晶体或小颗粒，内加防湿剂，吸湿性较小，易溶于水，为中性氮肥，尿素中含有一定数量的缩二脲，尿素使用方法以追肥为主。尿素又有缓释尿素、大颗粒尿素、多肽尿素等种类。硫酸铵含氮量为20%~21%，纯品为白色结晶，肥效迅速。吸湿性小，在空气湿度大时，也易结块。一般作追肥，肥效快，易于吸收。

（1）缓释、控释尿素。缓释、控释尿素是指所含养分形式在施肥后能延缓作物吸收和利用的肥料和所含的养分，比速效尿素有更长的肥效。通常把能被微生物分解的微溶性的含氮化合物（如脲醛化合物等）称为缓释尿素；将包膜或用胶囊包的肥料称为控制释放肥料；尿基缓释，可根据其生产方法和缓释机理分为化学法和物理法制备的缓释尿素。物理法制的缓释尿素又可分为：限制溶解类缓释尿素，包括大颗粒尿素和表面包膜尿素；抑制分解类缓释尿素，包括加尿酶活性抑制剂的缓释尿素、添加硝化抑制剂的缓释尿素以及添加尿酶活性抑制剂和硝化抑制剂的缓释尿素。

（2）多肽尿素。多肽尿素是在尿素形成过程中，在尿液中加入聚天门冬氨酸 PASP，经蒸发器浓缩造粒而成，以仿生多肽为核心的肥料增效产品。多肽尿素是在尿素形成过程中，在尿液中加入金属蛋白酶，经蒸发器浓缩造粒而成。酶是生物发育成长不可缺少的催化剂，因为生物体进行新陈代谢的所有化学

反应，几乎都是在生物催化剂酶的作用下完成的。多肽是涉及生物体内各种细胞功能的生物活性物质。肽键是氨基酸在蛋白质分子中的主要连接方式，肽键金属离子化合而成的金属蛋白酶具有很强的生物活性，酶的催化、调节等功能，可激化化肥，促进化肥分子活跃。金属蛋白酶可以被植物直接吸收，因此可节省植物在转化微量元素中所需要的"体能"，大大促进植物生长发育。

（3）包膜尿素。包膜尿素是缓释尿素的一种，又称包衣尿素、包膜尿素。用半透性或不透性包膜物质包裹尿素颗粒而成。成膜物质有塑料、树脂、石蜡、聚乙烯和元素硫等。包膜的目的是使尿素在施入土壤后，里面的速效养分缓慢地释放出来，以延长肥效。释放速率取决于包膜种类、厚度、粒径、肥料溶解性、土壤温度、土壤含水量以及土壤微生物活性等。适用于经济价值高、生育期长、需肥量大但又不便分次施肥的作物，以及养分易于淋溶损失的高温、多雨地区或灌溉地区，尤其是在质地轻的沙性土壤上。

（4）大颗粒尿素。在肥料市场上，人们通常把尿素颗粒直径大于 2 毫米的尿素称为大颗粒尿素。大颗粒尿素有以下几个优点。

①粉尘含量低，抗压强度高，流动性好，可散装运输，不易破碎和结块，适合于机械化施肥。

②施入土壤后溶解速度慢于普通尿素，有缓释作用。

③由于加工工艺不同，一般大颗粒尿素中缩二脲含量降低，对作物安全有利。

由于尿素养分含量较高，适于各种土壤和多种作物，作追肥效果最好。尿素施入土壤中，需要转化为碳酸氢铵后才能被

作物大量吸收利用。由于存在转化过程，肥效较慢，一般要提前4~6天施用。同时还要深施覆土，施后不要立即灌水，以防尿素淋溶至深层，降低肥效。施用尿素时一定要注意以下几点。

①尿素不宜作种肥。因尿素中含有缩二脲，缩二脲对种子的发芽和生长均有害。不能用尿素浸种或拌种。

②当缩二脲含量高于1%时，除不能用于种肥外，也不能用做根外追肥。

③尿素转化为碳酸氢铵后，在石灰性土壤上易分解挥发，造成氮素损失，因此，要深施覆土，覆土厚度为8~10毫米。

2. 磷肥

磷肥按溶解性可分为三种类型：水溶性磷肥（过磷酸钙、重钙等）、弱酸溶性磷肥（钙镁磷肥、钢渣磷肥等）、难溶性磷肥（磷矿粉等）。在水稻生产中，有条件时磷肥应以复合肥磷酸二铵为主，省工且肥效高。

磷肥具有较好的后效作用，同时施入土壤后也极易被土壤固定，由水溶性磷转化为迟效磷，使当年利用率降低，在一定的条件下被土壤固定的磷素是能够在翌年或者后几年利用，总之，尽管土壤存在磷的固定，但不等于说就不必施用磷肥了，为了提高磷肥的有效性，关键是采用科学的施肥技术，如集中施用以减少磷肥与土壤的接触，把磷肥施于根系密集的土层中，尽量增加根系对磷的吸收，或采取叶面喷施方法避免土壤对磷的化学固定，以提高磷肥的当季利用率。

磷酸二铵纯品为白色结晶体，吸湿性小，稍结块，易溶于水。制成颗粒状产品后，不吸湿、不结块，含氮（N）18%，含磷（P_2O_5）46%，化学性质呈碱性，是以磷为主的高浓度速效

氮、磷复合肥。磷酸二铵一般每公顷用量 150~200 千克。对于高产水稻品种，还可适当提高用量。施用方法通常是结合耙地，将磷酸二铵全层施入用作底肥，施肥深度为 10~15 厘米。

3. 钾肥

水稻生产中，比较常用的钾肥是硫酸钾和氯化钾。钾肥具有壮秆、防倒伏、抗病、抗虫等提高抗逆性的作用，钾肥通常用作底肥。

（1）硫酸钾。硫酸钾是白色晶体，K_2O 含量为 50%。该肥料易溶于水，溶解度随温度的上升而增大，吸湿性较低，不易结块，适合于配制混合肥料，物理性状优于氯化钾。硫酸钾为化学中性、物理酸性肥料，适用于各类土壤。施用方法主要是底肥，集中施到根系较密集的土层，有利于根系吸收，提高利用率。在水稻生长中后期发现缺钾时可进行叶面喷施。底肥每公顷用量50~100 千克，叶面喷肥需要配制成 2%~3%的水溶液，每公顷用量 450~600 千克。

施用硫酸钾不如氯化钾，因为容易产生硫化氢的毒害。虽然对缺硫较多的地块效果比较好，但施用硫酸钾应防止硫化氢毒害。

（2）氯化钾。氯化钾纯品为白色或淡黄色结晶体，有效成分钾含量在 60%左右。有较强的吸湿性，易结块，易溶于水，在水中溶解度随温度的升高而不断增大。氯化钾呈现为化学中性、生理酸性的速效钾肥，适于中性、石灰性土壤。结合泡田耙地全层施入，每公顷用量为 50~100 千克。

（三）其他常用肥料

1. 复混肥料

复混肥是指肥料中氮、磷、钾三种养分至少有两种养分标

明含量。按其含有的营养元素成分不同，可分为二元复混肥料和三元复混肥料。造粒肥料、掺混肥料和复合肥料统称复混肥料。复合肥料是用化学方法制取，在生产过程中发生明显化学反应的肥料。造粒复混肥料是由两种或两种以上单质肥料或复合肥料作为原料经机械混合而制成的肥料。掺混肥料是把两种或两种以上的单质肥料或复合肥料用机械的方法，按一定成分比例混合而成的肥料。复混肥料中营养元素成分和含量，习惯上按氮（N）—磷（P_2O_5）—钾（K_2O）的顺序，分别用阿拉伯数字表示，“0”表示不含有该种元素。例如，18-46-0 表示为含 N18%，$P_2O_5$46%，不含有 K_2O。总养分 64%的氮磷二元复混肥料。15-15-15 表示为含 N、P_2O_5、K_2O 各为 15%的三元复混肥料。复混肥料有含硫和含氯之分，一定要注意，还原性强的地块最好使用含氯复混肥，否则容易产生硫化氢毒害。

复混肥料中所含养分种类多，一般在两种或两种以上，并且有效成分含量高，物理性状好，施用方便。复合肥料的颗粒比较坚实、无尘，粒度大小均匀，吸湿性小，便于储存和施用。施用复混肥料可以同时满足作物对氮、磷、钾营养元素的需要，相当于把几种单质肥料一次性施入到土壤中，同时施用复混肥料比施用单质肥料有较好的增产性，具有针对性和灵活性。复混肥料可以针对某种土壤，根据特定地块、水稻品种调整肥料养分配方和比例，按所需养分混配配方肥，既满足水稻生长对养分的需求，又不浪费养分，需要多少即施入多少，受到广大农民的欢迎。

购买复混肥时应根据当地的气候条件、土壤性质、土壤供肥水平和土壤供肥特点及作物对养分的需求特性，有针对性地

选用适宜的品种。只有品种选择适宜，才能充分发挥复混肥料的优越性，使作物增产、增收，否则只会增加生产成本而收入提升不高。

2. 微量元素肥料

水稻一生中所需要的营养元素有很多种，除了碳、氢、氧气体元素和氮、磷、钾三要素以外，还需要钙、镁、硫、铁、铜、锌和硅等中微量元素。含有以钙、镁、硫、铁、铜、锌和硅等元素为主的肥料，叫作微量元素肥料。微量元素肥料用量少、作用大、见效快，施用方法以底肥和叶面追肥为主。一定要在准确确定土壤是缺乏该种微量元素时再进行施用，而且微量元素的有效性受许多条件的影响，尤其是酸碱性（pH 值）最为明显。土壤碱性会降低铁、硼、锰、铜、锌的有效性，提高钼的有效性。在酸性土壤上，土壤的酸性会增加铁、锰、铜、锌的有效性，而钼的有效性却比较低。所以，施用微肥时应有针对性。微量元素应与大量元素肥料配合施用。在生产中作物对大量元素需要量大，土壤中又容易缺少，需要补充，而微量元素只有在满足作物对大量元素需求的基础上，才会有良好的肥效。因此，微肥应与氮、磷、钾肥料配合施用。

3. 微生物肥料

微生物肥料是指含有有益微生物的人造的用于增加土壤中作物能够吸收利用的、用于增加农作物收获物的物料。微生物肥料能够改善农作物的营养，可使植物获得肥料的效应，提高土壤肥力，是近些年开发利用的新型肥料，包括细菌肥料和抗生菌肥料。它的性质与其他肥料不同，本身不含有营养元素，主要以微生物的生命活动产物来改善植物的营养条件，刺激植

物的生长，或抑制有害病菌在土壤中的活动，以充分发挥土壤潜在肥力的作用，从而获得农作物的增产效果。微生物肥料是一种辅助肥料，它不能代替其他有机或无机等肥料。

(1) 微生物肥料的种类。根据微生物肥料对改善植物营养元素不同，可分为以下几种。

①根瘤菌肥料，能在豆科植物根上形成根瘤，可同化空气中的氮气，改善豆科植物氮素营养，有花生、大豆、绿豆等根瘤菌剂。

②固氮菌肥料，能在土壤中和许多作物根际固定空气中的氮气，为作物提供氮素营养；又能分泌激素刺激作物生长，有自生固氮菌和联合固氮菌等。

③磷细菌肥料，能把土壤中难溶性磷转化为作物可以利用的有效磷，改善作物磷素营养。种类有磷细菌、解磷真菌等。

④硅酸盐细菌肥料，能对土壤中云母、长石等含钾的铝硅酸盐及磷灰石进行分解，释放出钾、磷与其他元素，改善植物的营养条件。种类有硅酸盐细菌、解钾微生物等。

⑤复合菌肥料，含有上述两种以上有益的微生物，它们之间互不拮抗并能提高作物一种或两种营养元素的供应水平，并含有生理活性物质。

(2) 微生物肥料的作用。

①增进土壤肥力。施用固氮微生物菌肥，可以增加土壤中的氮素来源；解磷、解钾微生物肥料，可以将土壤中难以利用的磷、钾分解出来，转变为作物能吸收利用的磷、钾化合物，改善作物的营养条件。

②制造和协助农作物吸收营养。根瘤菌侵染豆科植物根部，

固定空气中的氮素。微生物在繁殖中能产生大量的植物生长激素，刺激和调节作物生长，使植株生长健壮，促进营养元素的吸收。

③增强植物抗病和抗旱能力。微生物肥料由于在作物根部大量繁殖，抑制或减少了病原微生物的繁殖机会，减轻对作物的为害；微生物大量生长，菌丝能增加对水分的吸收，使作物抗旱能力提高。

施用微生物肥料的最佳温度是25～37℃，低于5℃，高于45℃，施用效果都较差。不应将菌肥与杀菌剂、杀虫剂、除草剂和含硫的化肥（如硫酸钾等）以及草木灰混合使用，因为这些药、肥很容易杀死生物菌。施用生物菌肥时不能大量减少施肥量或不施有机肥，微生物菌肥所能提供的养分量及促进土壤中的有效养分释放的功效都是有限的，仅仅依赖微生物菌肥料很难满足农作物生长的需要。

4. 叶面肥

叶面肥是指在水稻生长期间进行的一种追肥。该种施肥是直接把所需要的营养元素采用液体的方式，直接施于水稻叶片表面的方式，是植物生长中对某种缺少营养元素的补充。

（1）具有较强的针对性。叶面肥可根据土壤养分丰缺状况、土壤供肥水平以及作物营养元素的需求来确定养分的种类和配方，及时补充作物缺少的养分，减轻或消除作物的缺素症状。

（2）具有良好的吸收性。叶面肥由于直接喷施在作物叶片表面，营养物质可通过叶片直接进入体内，参与作物的新陈代谢和有机物质的合成，其速度和效果都比土壤施肥的作用快。

（3）施用效果好。叶面施肥后，叶片吸收了大量的养分，促进了作物体内各种生理反应，光合作用强度显著提高，有效

促进有机物的积累，增加产量、改善品质。

（4）用量少。叶面肥由于喷施在叶面上，不直接与土壤接触，避免了在土壤中的固定、失效或淋溶损失。一般用量仅为土壤施肥的1/10～1/5，养分吸收后，直接被输送到作物生长最旺盛的部位，养分利用率高。

5. 硅肥

水稻是吸硅量最多的作物之一，茎叶中的含硅量可达10%～20%。每生产100千克稻谷稻株要吸收硅酸17～18千克。根部所吸收的硅随蒸腾上移，水分从叶面蒸发，而大部分硅酸却积累于表皮细胞的角质内，形成角质硅酸层，因硅酸不易透水，所以可降低蒸腾强度。硅酸的存在还能增强根部氧化力，能使可溶性的二价铁或锰在根表面氧化沉积，不至于因过量吸收而中毒。同时，促进根系生长，改善根的呼吸作用，促进对其他养分的吸收。缺硅水稻体内的可溶性氮和糖类增加，容易诱致菌类寄生而减弱抗病能力。还有的研究认为，茎叶中的硅酸化合物能对病原菌呈现某种毒性而减少为害。水稻生殖生长期如不能满足硅酸的供应，则易降低每穗粒数和结实率，严重时变成白穗。

第二节　水稻的田间管理

一、苗期的生产管理

生育特点及水肥管理

1. 生育特点

水稻幼苗期是指从种子萌动开始到拔秧苗这段时期，包括

芽期、幼苗期与成苗期。芽期是指从播种到第一完全叶展开之前；幼苗期是指 1 叶展开至 3 叶期；成苗期是指 3 叶期至移栽。

生长发育特点：发芽的种子播种后，地上部首先长出白色、圆筒状的芽鞘，随后从鞘叶中抽出不完全叶，因其含有叶绿素，称为“现青”。现青后，依次长出第一、第二、第三完全叶等，当第四完全叶抽出时，第一完全叶腋芽就可能长出分蘖。现青时，种子根已下扎入土，当第一完全叶刚抽出时，芽鞘节上开始长出 2 条不定根，在第一完全叶继续抽出的过程中，在芽鞘节上又可以长出 3 条不定根。芽鞘节上不定根能否全部发生，与环境条件好坏关系很大。在温度适宜、土壤肥沃、播种深度适宜的条件下，5 条根大多能全部发生，且生长良好。从第 2 叶抽出期至第 3 叶抽出初期，幼苗无新的不定根发生。因此，芽鞘节上的不定根生长的好坏，不仅影响到幼苗扎根立苗，也对离乳期前后的养分吸收有重要影响。

第 3 叶抽出时，胚乳养分基本耗尽，进入离乳期。离乳期后，第 3 叶抽出期，不完全叶节发根；第 4 叶抽出期，第 1 叶节发根，该节的分蘖也可能同时抽出，以后各节位的出叶、发根和分蘖的关系大体如此。随着秧苗生育的进展，叶片的长度一片比一片大，各节的发根数和根粗也不断增加。

离乳期是秧苗生理上的一个重要转折点。在此之前，幼苗的生长主要依靠胚乳储藏的养分，此后，则依靠秧苗自身的根系吸收土壤中的无机营养、水分和由叶制造的养分。因此，秧苗期的秧田培肥及科学的肥水管理，对于培育壮苗具有重要意义。

2. 水肥管理

在离乳前，幼苗生长所需的氮源主要来源于糙米，糙米的

含氮率一般不超过 1.68%，比幼苗 3%～55%的含氮率低得多。因此，幼苗的生长必须依靠外界氮素供应。幼苗期土壤供应充足，幼苗吸入的氮素较多，胚乳消耗加快，幼苗的生长加速，生长健旺。在施肥方法上，应重视秧田早期的氮素供应，“现青”后追施苗肥，1 叶 1 心期追施断奶肥，一般每亩施尿素 3～5 千克或硫酸铵 6～10 千克，或腐熟的人畜粪尿 300～500 千克，不可随意加大施用量，以免发生烧苗现象。

“送嫁肥”又称为“起身肥”，主要作用是使秧苗茎基部有一定含氮量，促进根原基的发生和新老根交替，利于移栽本田后新根发生，使秧苗返青快，分蘖早。“送嫁肥”通常在移栽前 3～5 天，少于 3 天则秧苗难以吸收肥料；超过 7 天，则秧苗吸肥过多，秧苗嫩绿，插后容易“败苗”。“送嫁肥”通常施用速效氮肥，一般每亩施速效氮肥 5～8 千克，也可换硫酸铵 10 千克，但不能施用碳酸氢铵，以防烧苗。

在水分管理上，芽期对氧气反应敏感，供氧好坏是影响立苗的关键，所以播后秧板不宜上水，只保持土壤充分湿润即可，保证充足氧气。如出现霜冻、暴风雨等特殊天气，应暂时灌水护芽，风雨过后再排水晒芽；秧苗期的根系组织尚未健全，应采取露田与浅灌相结合的管水方法，成苗期苗体内通气组织已发育健全，根部氧气的供应可以由地上部向下运动，应保持秧田有水层。

二、分蘖拔节期的生产管理

（一）生育特点及水肥管理目标

1. 生育特点

（1）水稻的生育特点。水稻分蘖拔节是进行分蘖、拔节与

完成幼穗分化的重要时期。分蘖期主要以营养生长为主，是进行分蘖、决定穗数的关键时期，也是为大穗、多穗和最后丰产奠定基础的时期；拔节长穗期，一方面要以茎秆生长为中心，完成最后几张叶片和根系等营养器官的生长；另一方面进行以穗分化为中心的生殖生长。此时既是保蘖、增穗的重要时期，又是增花增粒、保花保粒的关键时期，也是为灌浆结实奠定基础的时期。分蘖拔节期的管理目标是：促进水稻分蘖早生快发，争多穗，培育壮蘖，促进壮秆，争大穗，防止徒长和倒伏。

①分蘖的生长。水稻移栽后，稻株分蘖节上各叶的腋芽(分蘖芽）在适宜条件下就会生长形成分蘖，从主茎上长出的分蘖称为第一次分蘖，从第一次分蘖上长出的分蘖称第二次分蘖，生育期长的品种可能有第三、第四次分蘖。分蘖在母茎上所处的叶位称为分蘖位，分蘖叶位数多的品种分蘖期长，其生育期一般也较长。一般情况下，籼稻分蘖发生率较高，粳稻较低；同为籼或粳稻，也有强弱之分。

分蘖必须有 3 片以上叶才有较高的成穗可能性。在分蘖期每长 1 片叶需 5~6 天，3 片叶合计需 15~18 天，一般在拔节以前、15 天以上的分蘖，其有效的可能性较大。生产上将这部分具有一定量的根系且以后能抽穗结实的分蘖，称为有效分蘖；而出生较迟的分蘖，以后不能抽穗结实或渐渐死亡，称为无效分蘖。分蘖前期产生有效分蘖，这一时期称为有效分蘖期；分蘖后期所产生的是无效分蘖，称为无效分蘖期。有效分蘖临界叶龄期一般为该品种的主茎总叶片数减去伸长节间数的叶龄期。此期是控制大田群体的关键时期之一，主要诊断指标是群体总茎蘖数。这时高产的适宜茎蘖数称为预期穗数。如茎蘖数不足，

应追肥促蘖；如茎蘖数超过预期穗数，应及时早晒田抑制。

②影响分蘖的因素。

秧苗营养状况。尤其是氮素营养起主导作用。秧田期由于播种较密，养分、光照不足，基部节上的分蘖芽大都处于休眠状态。拔节以后生长中心转移，上部节上的分蘖芽也都潜伏而不发，所以，一般只有中位节上的分蘖节可以发育，但还和其他因素有关系。

温度。分蘖生长最适宜温度为30~32℃，低于20℃或高于37℃对分蘖生长不利，16℃以下分蘖停止生长发育。

光照。在自然光照下，返青后3天开始分蘖，给自然光照的50%时，13天开始分蘖，当光照度降至自然光照度的5%时，分蘖不发生，主茎也会死亡。

水分。分蘖发生时需要充足的水分。缺水或水分不足时，植株生理功能减退，分蘖养分供应不足，常会干枯致死。这就是“黄秧搁一搁，到老不发作”的原因。

此外，分蘖还和品种特性有关，不同品种分蘖力有差别。本田分蘖的发生，经历由慢到快、再由快到慢的过程。当全田有10%的苗分蘖出现时，称为分蘖始期；分蘖增加最快时，称为分蘖盛期；全田总茎数和最后穗数相等时，称为有效分蘖终止期，以后称为无效分蘖期；全田分蘖数最多时，称为最高分蘖期。

③茎的生长。稻株的叶、分蘖和不定根都是由茎上长出来的，茎有支持、输导和储藏的功能。稻茎一般中空呈圆筒形，着生叶的部位是节，上下两节之间为节间。稻茎由节和节间两部分组成。稻茎基部的节间不伸长，各节密集，节上发生根和

分蘖，习惯上称为分蘖节或根节。茎上部有若干伸长的节间形成茎秆。稻株主茎的总节数和伸长节间数，因品种和栽培条件有较大变化，一般具有 9~20 个节和 4~7 个伸长节间。生育期短的品种，总节数和伸长节间数也少。节间伸长初期是节间基部的分生组织细胞增殖与纵向伸长引起的，生产上称为拔节。节间的伸长先从下部节间开始，顺序向上，但在同一时期中，有 3 个节间在同时伸长，一般基部茎间伸长末期正是第二节间伸长盛期、第三节间伸长初期。水稻基部节间伸长 1~2 厘米时称为拔节期，也称为生理学拔节期，其拔节叶龄期为伸长节间数减 2 的倒数叶龄期。拔节始期如总茎蘖数不足、叶色淡，则群体穗数不足，应酌情施用促蘖促花肥。如总茎蘖数偏多、叶色深，应偏重晒田，以抑制茎叶生长，促进根系下扎，防止后期倒伏。

④穗的发育。稻穗为复总状花序，由穗轴、一次枝梗、二次枝梗、小穗梗和小穗组成。从穗颈节到穗顶端退化生长点是穗轴，穗轴上一般有 8~15 个穗节，穗颈节是最下一个穗节，退化的穗顶生长点处是最上的一个穗节，每个穗节上着生一个枝梗。直接着生在穗节上的枝梗，称为一次枝梗；由一次枝梗上再分出的枝梗，称为二次枝梗。每个一次枝梗上直接着生 4~7 个小穗梗，每个二次枝梗上着生 2~4 个小穗梗，小穗梗的末端着生一个小穗。每个小穗分化 3 朵颖花，其中 2 朵在发育过程中退化，因此每个小穗只有 1 朵正常颖花。

⑤影响稻穗分化的因素。稻穗分化的情况首先取决于稻穗分化前稻株生长量的大小和生理状态。稻株生长健旺、碳氮代谢协调是形成大穗的基础。穗分化期的环境条件和稻穗分化也

有十分密切的关系。

土壤营养。氮素对穗分化发育影响最大。在雌雄蕊分化之前追肥，能明显增加分化颖花数，其中以苞分化前后施肥作用最大，多的能增加颖花数40%左右；穗分化期施用钾肥能提高稻株光合效率。

温度。稻穗分化的最适宜温度为30℃，在较低的温度下（粳稻日平均温度19℃，籼稻日平均温度21℃），能使枝梗和颖花分化延长2~3倍，是增加稻穗颖花数促成大穗的途径之一。但温度过低会影响穗的发育，特别是在减数分蘖后1~1.5天的小孢子初期对低温的反应最敏感。日最低温度15~17℃对花粉发育有一定影响，日最低温度低于13~15℃影响严重。

光照度。光照度与稻穗的发育关系密切，日照越充足对稻穗分化发育越有利。

土壤水分。在减数分蘖期前后，稻株对土壤水分亏缺反应最敏感，受旱后颖花大量退化并产生不孕花，减产十分严重。因此，在以减数分裂期为中心的长穗期宜以浅水层灌溉为主。

（二）稻田诊断与减灾栽培

1. 稻田诊断

水稻分蘖拔节期的自然灾害主要有涝害与旱害。

（1）涝害的症状诊断。涝害是因雨涝淹没稻苗（没顶）而造成的为害，其为害程度随着水稻生育期和淹没时间长短而不同。一般来说，淹没后，正在伸长的器官将异常地极度伸长，组织水分柔弱，长势非常衰弱；叶片由下向上发黄、坏死，未曾坏死的叶片则成暗绿色；根系活动停滞，或者丧失活力。水稻生长期长时间处于水涝状态而产生涝害，各生育期受害症状

是不同的。

①芽期和苗期受淹。芽期受淹，芽鞘伸长到 3 厘米以上，不能扎根立苗；苗期受淹，秧苗瘦弱细长，脚叶呈黄绿色，水退后有不同程度的倒伏现象，但一般都能恢复生长。

②分蘖期和拔节期受淹。分蘖期受淹，稻株基部叶坏死，呈黄褐色或暗绿色，心叶略有弯曲，水退后有不同程度的歪倒现象，部分叶片干枯，但不致引起腐烂死亡；拔节期受淹，正在伸长的节间极度拔长，植株体内养分消耗殆尽，退水后茎秆细弱，植株弯曲、折断及倒伏，节间发生不定根。但水退后部分茎生长节间的长度反而比未曾受淹的稻株短。

③长穗期受淹。此时受淹穗的枝梗、颖花极易破坏，花药空瘪，不能结实，尤其以减数分裂期至孕穗期受淹最为严重。

（2）干旱的症状诊断。分蘖期干旱，新生叶片出叶周期长，主茎绿叶数少，根系的生长由横向与斜下方生长转向直下方伸长，节间变矮；拔节期受旱，分蘖减少并逐渐停止发生，严重时叶片卷缩萎蔫，穗数、粒数减少；孕穗期受旱，枝梗和颖花退化。

2. 减灾栽培

一是选用抗涝品种。二是在培育壮秧的基础上，栽插后精心管理，早施分蘖肥，促进早发壮苗，增强稻株抗涝能力。三是受涝后尽快抢排积水，并确定补救对策。对受淹水稻早排一天好一天，分蘖期淹水 6~10 天，地上部均腐烂，但生长点和分蘖节组织并未死亡，排水后新生叶和分蘖还能生长。与此同时，应鉴别稻株有无活力，先排粳稻，再排杂交稻；先排高田，再排低田，排空后注意防止立刻暴晒，以免造成失水枯萎。四是

增施适量速效肥料，补充养分供应。可采取一追一补的方法，施肥以氮化肥为主，配以磷、钾肥。氮化肥宜用尿素，不适宜用碳酸氢铵，后期加大穗肥及粒肥的施用。五是加强水浆管理。排水后要尽快露田，使稻田逐渐沉实。六是苗期涝害后要尽快补苗，切忌人工扶苗。七是抓好后期病虫防治，特别是稻纵卷叶螟、稻飞虱、三化螟等的防治。

旱害水稻的补救措施。一是选用耐旱能力较强的品种。二是充分利用有效的灌溉动力与水利设施，全力投入救苗保苗工作。三是复水后追施肥料。7 月中旬复水的，可施用尿素 5~6 千克、三元复合肥 25 千克左右；8 月复水的，先施恢复生长肥，用量减少，以粒肥为主。四是加强病虫防治。除了稻纵卷叶螟、稻飞虱之外，还要重视三化螟、稻瘟病的防治。

三、抽穗扬花期的生产管理

（一）生育特点及水肥管理

1. 生育特点

抽穗扬花期是指稻穗从穗顶端露出剑叶叶鞘到开花的这段时间，包括抽穗、开花两个阶段。穗顶露出到全穗抽出需 5 天左右，穗顶端的颖花露出剑叶鞘的当天或之后 1~2 天开始开花，全穗开花过程需 5~7 天。

2. 水肥管理

（1）水分管理。水稻抽穗扬花期对水分反应十分敏感，如此时干旱，则水稻颖花退化十分突出，空秕粒增多，粒重降低。所以，抽穗扬花灌浆期间应实施水层灌溉，满足该时期的生理、

生态需水要求，增强根系活力，提高群体中后期的光合生产积累能力，提高结实率和粒重。

（2）肥料施用。适当补施叶面肥，增加千粒重。从提高品质的角度考虑，不宜再撒施尿素等长效氮肥，而对于叶色落黄的田块，应在齐穗后喷施叶面肥，一般每公顷施用喷洒磷酸二氢钾 2~2.5 千克和尿素 4~5 千克，对水 400 千克喷雾，以花期喷洒效果为好。或选用生物钾、金满利、惠满丰和植物生长调节剂等搭配施用，这样不仅对壮秆增产十分有效，而且对延长根系活力、保持活秆成熟、防止倒伏、提高品质等具有十分重要的作用。

杂交稻抽穗后根系活力下降，功能叶逐渐枯黄，容易脱肥引起叶片过早发黄枯死，稻株光合作用能力减弱。补施粒肥能防止功能叶早衰、提高结实率、增加千粒重。同时可适当喷施微量元素，浓度一般为 0.01%~0.1%。但粒肥不能过量，对水量要足，以免溶液浓度过大烧苗。

（二）稻田诊断与减灾栽培

1. 稻田诊断

（1）冷害诊断。孕穗期的冷害诊断，主要表现为花粉母细胞减数分裂期的障碍型冷害。籼稻日平均温度低于 22~23℃，持续 3 天以上受害；籼型杂交稻日平均温度低于 23℃，粳稻日平均温度低于 19~20℃，最低温度低于 15~17℃，持续 3 天以上，便为受害；开花期，籼稻的伤害低温指标为日平均温度不高于20~23℃，持续 3 天以上，最低温度不高于 16℃；粳稻开花期一般晴天日平均温度不高于 18℃，持续 3 天以上，阴天日平均温度不高于 20℃，持续 3 天以上。研究表明，抽穗前的冷

害主要表现为结实率下降。主要原因是连续低温阻碍了花粉粒的正常发育和正常受精结实，形成大量空壳，造成成熟时穗头不弯的所谓“翘头穗”的现象，常使水稻大幅减产，甚至颗粒无收。

（2）高温热害诊断。水稻长穗期遇到超过35℃以上的高温热害会出现白颖花、白穗、颖花数减少；开花期遇高温热害会出现颖花不育；灌浆成熟期遇高温热害会出现籽粒灌浆不良，形成瘪粒现象。

水稻在抽穗开花1~2小时对高温最敏感，此时高温对不育的发生具有决定性影响。高温将阻碍花粉成熟与花药开裂，并影响花粉在柱头上萌发及花粉活力，抑制花粉管伸长，导致受精不良与不育，降低结实率，造成减产。

2. 减灾栽培

（1）冷害的减灾栽培。

①日排夜灌。采取日排夜灌的方法，以水调温，改善田间小气候，防御低温，减轻冷害为害。阴天常换水，以调节稻田温度及补充水中氧气。抽穗始期，灌浅水。

②施肥减灾。若发生冷害可喷施化学药剂和肥料，如赤霉素、硼酸、萘乙酸、激动素、2，4-D、尿素、过磷酸钙和氯化钾等，对冷害均有一定防治效果。在水稻孕穗、灌浆期各喷施902水稻抗寒剂效果最佳。

（2）高温热害减灾栽培。

①日排夜灌。高温时早上灌深水，晚上排水。

②施足穗肥。施足穗肥，后期补足氮肥，可在一定程度上增强植株的抗高温能力。

③根外喷肥。叶面喷施3%的过磷酸钙或2%的磷酸二氢钾溶液，外加叶面营养液肥，可增强水稻植株对高温的抗性；对孕穗期受热害较轻的田块，于破口期前后施尿素30~45千克/公顷，可促进植株正常灌浆。

第三节　水稻病虫害防治

烂秧苗：播种后到一叶前发生烂种、烂芽均属烂秧。烂种为芽腐烂，谷壳呈暗褐色。烂芽种谷不扎根，翻根或根腐，根黑死亡。烂种主要是发芽力弱，催芽温度过高或覆土过深。烂芽是低温水多缺氧，有机质过多或施未腐熟有机肥料，病菌侵入而产生芽腐。对此除选用发芽率高的种子、不施未腐熟肥料、不过早播种外，注意苗床浇水，防止床土过湿、缺氧，提高床土温度，促进根系生产。已发生烂秧时，每百平方米苗床用敌克松1：500和硫酸铜1：1 000混合液25千克喷施床土上可收到良好效果。

黄枯苗：幼苗叶片、叶鞘比正常苗短，叶片自下而上、由叶尖向基部逐渐枯黄致死，根灰白色，似水烫状，用手拔苗，茎基部易与地下稻谷断离。初期不易发现，观察早、晚叶尖吐水情况，可早期诊断发现。黄枯苗在1叶1心至3叶期，苗体含糖少，抗性弱，病菌乘机侵入，连续10℃以下低温，骤然转入高温35℃以上，黄枯病易发生。防治方法，要早期练苗，培肥床土使离乳前秧苗健壮，提高抗病能力，并在1叶1心和2叶1心期浇酸水、喷敌克松药液。福美双可抑制亚硝酸形成兼有杀菌作用，对防治黄枯病有明显效果。

青枯病：秧苗从心叶开始呈青绿针状，随后全株叶片紧缩卷青枯，初期暗绿色，继而蔫萎而死，茎基横断面呈浅黄至褐色（壮苗为乳白色），根部表皮易脱落，根毛极少，叶尖吐水少到不吐水。发生原因，在 2~3 叶期，养分来源处于转折点，遇天阴低温突然转晴，温差过大，根系衰弱，苗体失水，导致青枯发病。为此要早期练苗，低温转晴，提早通风，及时浇酸水和用敌克松药液防治，也可用 43%立枯净、38%立枯消进行防治。青、立枯病在发病初期，结合喷药同时喷施 108 生根宝防治效果更好。病情严重时，提早抢栽，改换环境，促进康复。

立枯病：对已出现病害的苗床，应及时进行药剂防治。推荐使用恶霉灵、瑞苗清、育苗灵、好普等药剂进行床土消毒或在发病初期用药防治苗期立枯病。也可每平方米用 3. 2%克枯星 15 克，对水 2. 5~3 升喷洒，或用 70%敌克松可湿性粉剂 1 000 倍液喷雾，病情严重可用 700 倍液，每平方米 2~3 千克；或用 38%立枯一扫光、42%立枯克星。对使用壮秧剂的苗床，仍需用上述药剂进行床土消毒。

缩脚苗：植株矮小、叶片少、根弱苗黄，甚至枯萎死苗。原因是催芽不整齐、哑谷生长慢、苗床不平、施肥不匀、播种稀密不均、苗床水分不一、生长快慢不一致，容易出现缩脚苗。

白芽苗：由于苗床湿度太大，氧气不足，气温较低，光照不足，覆土较厚，芽稍徒长，叶绿素难以形成，成为白芽苗。可晾床增温，除去地膜，提高光照来尽快缓解。

白化苗：秧田中常发现叶片白色的秧苗通称为白化苗。白化苗有两种，一种是零星出现，叶片出生即白，或部分条状白化，全白苗多在 3 叶期枯死。一种是从叶尖开始由黄到白，如

气温转暖，水肥充足，还可恢复生长。第一种属生理病害，第二种系低温引起叶绿素分解所致。可增施速效氮，提高秧苗素质，增强抵抗能力。

缺氮苗：植株矮小，叶小色黄，生长缓慢，苗体僵老。原因是氮素不足，蛋白质和叶绿素合成受阻，糖多转化为结构物质和淀粉等贮藏物质，因而叶色退淡，叶片挺直，苗体瘦小。因此在 2~3 叶离乳过程中，根据苗色可适当补施氮肥。

徒长苗：秧苗徒长，叶色深绿，形成徒长苗。一般是施肥多、播量大、湿度大、气温高，容易产生徒长苗。

水稻主要虫害有蓟马、叶蝉，病害有稻瘟病、纹枯病。

第三章　稻—鳖生态种养模式及技术

稻田养鳖是在稻田养鱼的基础上发展起来的，是一种鳖稻共作模式，见下图。稻田养鳖可以充分利用有限的稻田资源，在同一田块上将水稻、名特水产两个产业有机结合，通过物质能量的循环利用，培育田间循环经济，不施肥，不打药，达到水稻、水产品同步增产，农民收入持续增加的目的，从而实现“1+1=5”的生态效益，即实现“水稻+水产=粮食安全+食品安全+生态安全+农业增效+农民增收”。

图　稻田养鳖

稻田养鳖，就是利用水稻的浅水环境，加以人工改造，既种稻又养鳖，立体综合种养，以提高稻田复种指数和单位面积经济效益的一种生产形式。稻田饲养的鳖可为稻田除害虫，少施化肥、少喷农药，水稻的秸秆可以作为稻田中螺、蚬、水蚯

蚓、摇蚊等底栖动物的饵料，底栖动物又成了鳖的天然饵料，“稻养鳖、鳖养稻”，鳖稻互利共生，化害为利，既增加了鳖的产量，又有效解决了秸秆焚烧造成的环境污染。还可增加水稻产量 6%~10%，同时每亩能增产生态鳖 80~120 千克。

稻田养鳖包括单季稻养鳖和双季稻养鳖两种形式。双季稻是指在一年内在同一块土地上可以播种并收获早、晚两季水稻。在我国大部分地区的自然条件都能满足双季稻生长的需要，都能种植双季稻。也可以种植再生水稻。在这种模式下进行鳖的养殖，鳖稻互利共生，可以实现增产增收，效益翻番。

第一节　稻田环境条件

养鳖稻田水源充足，水质良好，远离污染源，黏性土壤，排灌方便，保水保肥，雨季水多不漫田，旱季水少不干涸。田块平整，周围无乔木林。通水通电通路。面积易大不宜小，一般是 50 亩以上的成片良田。矿质土壤、盐碱地、沙土地、土质瘠薄、面积过小的田块不适宜稻田养鳖。

一、稻田选择与设施改造

1. 挖沟

稻田水位较浅，夏季高温尤其是早中晚温差变化大，对养殖动物的生长产生较大影响。因此，有必要在稻田田埂内侧四周开挖环形鱼沟（简称环形沟），在田块里面开挖田间鱼沟（简称田间沟），既作为水位减退或晒天、施肥、喷施农药时养殖动物的栖息处，也可作为夏季高温时养殖动物隐蔽遮阴的场所。

在保证水稻不减产的情况下应尽可能增加环形沟和田间沟的面积，一般占稻田面积的8%~12%。

开挖方法是，沿稻田四周，距田埂脚2米外开挖环形沟，沟宽3~4米，深1.5~2.0米。稻田面积在100亩以上的，需在田块中间开挖“十”字形田间沟，沟宽1~2米，沟深0.8米。面积过小则不必挖田间沟。

2. 筑埂

利用开挖环形沟的泥土加固、加高、加宽田埂。田埂加固时每加一层泥土都要进行夯实，以防渗漏或坍塌。田埂应高出田面0.5~0.8米，埂基宽5~6米，顶部宽2~3米，以方便物流运输。

3. 防逃设施

稻田田埂和排水口应建防逃设施。田埂上的防逃墙应用硬塑板或石棉瓦建造，石棉瓦规格1.8米×0.6米，把其长度锯成两半，向池内倾斜15°埋入地下20~30厘米，并把相邻的瓦片上端用钢丝串联固定，形成的防逃墙高60~80厘米。排水口的防逃网应用20目的网片或钢丝网做成。

4. 进排水设施

进、排水口分别位于稻田两端，进水渠道或管道建在稻田一端的田埂上，进水口需用20目的长型网袋过滤水源，防止敌害生物随水流进入。排水口建在稻田另一端环形沟的低凹处。按照高灌低排的格局，保证水灌得进，排得出。

田埂基部至环形沟之间为操作台面，既可以起到护坡的作用不至于田埂坍塌，又可以作为鳖的饲料台，还可以在上面种

植南瓜、土豆、花生、丝瓜等作物，为鳖提供遮阴栖息场所、饲料来源。

二、仿生态条件建立

在进行人工建造鳖的仿生态条件时，先用生石灰或漂白粉对稻田环形沟进行清池消毒，排水清池 100 平方米用生石灰 10 千克，带水清池用 20 千克；如果用漂白粉清池，则用量分别为 1 千克和 2 千克。

消毒 3~5 天后，可在环形沟内移栽水生植物为鳖生活栖息建立仿生态场所，如轮叶黑藻、马来眼子菜、菱角、水花生等，栽植面积控制在环形沟面积的 10%左右。在幼鳖投放前后，沟内再投放一些饵料生物，100 平方米投田螺 20 千克，河蚌 10 千克等。既可净化水质，又能为鳖提供丰富的天然饵料。

在防逃墙内每隔 100 米处还要设置与其垂直的分隔栏网或阻隔墙，防止幼鳖无止境的沿防逃墙基部爬行，它在尚未找到阻栏时，可能整夜一直处在“赛跑”的兴奋状态，而无意回到田块中栖息，并由此导致幼鳖消瘦，引发疾病。阻隔墙的作用就是使鳖在池边爬行一段时间后就能再回到环形沟中休息和觅食。

第二节　作物种植与鳖种放养

一、水稻栽培

（一）稻田整理

稻田整理采用围埂法，即在靠近环沟的田面围上一周高 30 厘

米、宽20厘米的土埂，将环沟和田面分隔开，防止水体互流。

（二）晒田

水稻生长期间，需要进行烤田。在顺应水稻生长需求和不影响中华鳖生长前提下，采取轻烤的办法：将水位降至田面露出水面，使田块中间不陷脚，田鳖沟表土不裂缝和发白，以见水稻浮根泛白为适度。烤田结束之后，立即将水位提高到原水位。需要注意的是，烤田前要清理鱼沟，并调换新水，以保证鱼沟通畅，水质清新。

（三）施肥

底肥一般为有机肥、生物肥。

（四）水稻的栽插

秧苗一般在6月上旬开始栽插。在栽培技术方面要围绕“防倒”进行，采用“二控一防技术”，即一控肥，整个生长期不施肥；二控水，方法是早搁田控苗，分蘖末期达到80%穗数苗时重搁，使稻根深扎；后期干湿灌溉，防止倒伏。

（五）稻谷收割

在10月中旬左右进行稻谷收割，要求留茬40厘米左右，秸秆还田。稻谷收割前，缓慢排水到田面下5~10厘米，最后环沟内水位保持在50~70厘米，即可收割稻谷。

二、放养

（一）制定合理的放养密度

鳖种放养密度一定要根据池塘的底质条件和鳖种规格，进行科学放养。沙土性池塘为300克/只规格的每亩放1 500只，400

克/只规格的每亩放 1 200只；一般土壤池塘为 300 克/只的每亩放 700 只，400 克/只的每亩放 500 只；黄土池塘为 300 克/只的每亩放 500 只，400 克/只的每亩放 400 只。黑土池塘为 300 克/只的每亩放 600 只，400 克/只的每亩放 500 只。可套养鲢鱼、胖头鱼。

（二）把握好放养时间、消毒和开食

一般在每年的初夏放养，如是温室鳖种（幼鳖）时间在 5 月底或 6 月初，放养前温室必须提前一星期降温到和当时室外的气温一样。如是在野外培育和过冬的鳖种，4 月中旬就可放养。放养应选下雨快停的日子。鳖体消毒很重要，消毒可用 2%的盐水浸泡 5 分钟。也可用碘制剂消毒药物。放养时可贴着水面倒入水中。鳖种放养后，为了尽快在新环境中适应和吃食，应及时开食。开食的方法是：放养后的头 5 天应用鲜活动物性饲料，如螺蛳、鲜小鱼、猪肝、鸡肝等。第一次投喂量可按放养鳖体重的 5%~10%的比例，以后可根据当时的天气和实际吃食情况以 10%的比例灵活增减。5 天后可采用鲜活饲料和商品饲料相结合的方法，并用 10~15 天的时间逐步减去鲜活饲料的比例，全部改吃商品饲料。值得注意的是，在投喂鲜活饲料时，一定要把块切的小些，以免影响鳖种的吞食和造成浪费，也可打成浆和饲料各 50%拌和投喂。

第三节 饲养管理

一、投饲

在稻田水温上升至 20℃左右时鳖开始摄食，可投喂少量饲

料，进行驯化，使鳖尽快开食，以延长其生长期。鳖是以肉食为主的杂食性动物，主要以小鱼、小虾、螺、蚌和水生昆虫为食，可投喂动物性饲料（鲜活鱼等）搭配植物性饲料（麸类、饼粕类、南瓜等）或配合饲料，其中鲜活鱼的比例要占到 2.0% 左右。投喂要遵照“四定”原则，即定时、定量、定质、定位。日投喂量为鳖总重的 1%~5%。投饵时间一般为晴天的 18 时许，一天只投一次，以幼鳖在 1 小时内吃完为投喂适量，过多过少都应及时调整投饵量。投喂量应根据天气、水温和鳖的摄食情况灵活掌握，达到七成饱即可，以促使其到稻田里觅食螺蛳、小鱼、小虾和水稻害虫等。投喂的饲料要营养丰富、新鲜、无污染、无腐败变质，最好是浮性膨化颗粒饲料，这样能及时了解鳖的饥饱情况。不管投喂哪一种饲料，饲料中都不能添加任何促生长素、激素和抗生素。

每亩稻田用石棉瓦或木板设置 2 个饵料台，饵料台倾斜固定在田埂处，一端落入环形沟 10 厘米，另一端搁置在田埂上，饵料投放在饵料台上，方便幼鳖摄食。当水温低于 12℃时，可不投喂。看水色情况，当水质偏瘦时，应及时在稻田的环形沟中追施腐熟的农家肥，农家肥用量为每亩 100~150 千克。

二、调控水质

水质管理上，在夏季炎热天气，每 7 天加注新水 1 次，使田间水深保持在 20 厘米左右。高温季节在不影响水稻生长的情况下，尽量加深水位，防止水温过高。水质要始终保持肥、活、嫩、爽。

在稻田里养鳖，鳖排泄的粪便和剩余饵料为水稻提供了有机肥料，水稻不用施肥也长得很好。水稻不施肥，水质就得到了很好的改善，减少了鳖病害。同时，水稻的害虫也被鳖消灭，进一步保证了稻、鳖品质。

每年 11—12 月要保持田面水深 30~50 厘米，随着气温的下降，逐渐加深水位至 40~60 厘米。翌年的 3 月水温回升时用调节水深的办法来控制水温，促使水温更适合鳖的生长。调控的方法是，晴天太阳光照强烈，水可浅些，以便水温尽快回升；阴雨天或寒冷天气，水应深蓄保温。

三、防止敌害

防止老鼠、水蛇、蛙类以及各种鸟类及水禽等进入稻田，发现了要及时清除。它们对幼鳖有一定的为害，如与幼鳖争食抢食、传播疾病等。对鼠类，应在稻田埂上多设些鼠夹、鼠笼加以捕猎或投放鼠药加以毒杀。对付蛙类的有效办法是在夜间加以捕捉。对付鸟类、水禽等的主要办法是进行驱赶。

四、越冬管理

入冬前一段时间内，增加投喂蛋白质含量高的动物性饵料，保证越冬鳖积蓄足够的能量。水温降至 15℃以下时，排干田水，在鳖沟、鳖溜底部铺设 20 厘米厚的泥沙，然后注入新水，以为中华鳖提供拟自然的越冬环境。

越冬期间，保持鳖沟水位在 0.8 米以上，用草帘铺设在鳖沟上，防止水面结冰；一般水体氨氮含量不得高于 0.02 毫克/升，定期进行水体消毒和加注新水，保证每次加注新水量

不高于10%，水温温差不超2℃，以防中华鳖感冒致病；严禁惊扰、捕捉等操作。

第四节　鳖的捕捉、暂养与运输

一、鳖的捕捉

鳖的捕捉分人工养殖鳖的捕捉和天然鳖的捕捉。

（一）人工养殖鳖的捕捉

鳖作为鲜活水产品，应有一定的起水规格。日本商品规格为0.7~0.8千克，这一规格的鳖已渡过了生长最快期，是比较合理的起水规格。国内市场上最受消费者欢迎的规格为0.5千克左右。国内外贸收购起点标准是0.3千克，但此重量的鳖，正处于生长最快阶段，尚未达到性成熟，若起水上市，不仅经济上不划算，也不利于物种保护。

除重量要求外，捕捉时还应小心操作，勿使鳖体受伤而影响其商品质量。

干池捕捉。当需全池盘点或捕捉量较大时，可排干池水，晚上沿池周用灯光照明捡捕。10月中旬前用此法捕获率可达70%~80%。然后用木质齿耙逐块翻开泥沙进行最后的搜捕。此法捕捉彻底，又不会使鳖受伤，但池子过大则不宜采用。

手捉。赤脚入水，用脚尖探索到鳖则踩住，再用手把鳖掀入手网中。少量捕捉可采用此法。

网捕。与渔网比，捕鳖网的网衣宜高，网眼略大。放网与收网的动作要轻快，稍有响动，鳖就会钻入泥沙而难于捕捉。

齿耙捕捉。最好使用木质齿耙，以免碰伤鳖体。一般齿长15 厘米，齿间宽 10 厘米，齿耙柄长 1.5 米左右。将耙深插水中，根据手感及发出的响声，判断是否插到了鳖，再用手捕捉。这种捕捉法适用于捕捉成鳖、亲鳖及越冬后的鳖。

（二）天然鳖的捕捉

民间有许多捕捉鳖的方法，现将几种最常见的方法简介如下。

一是刺网缠捕。江河、水库及湖泊深水区的鳖，难用其他方式捕捉，可结合捕鱼作业，用 3 层刺网缠捕。一般 4—10 月捕获效率较高。放网时应将网衣呈波浪状排放于水中，鳖触刺网即被缠绕而难于逃脱。因鳖用肺呼吸，所以放网和收网时间相距不能太长，一般以 2~3 小时为宜，高温季节应更短，以免鳖长时间不能出水呼吸而窒息死亡。

二是药物诱捕。诱鳖药饵成分是猪肝 150 克、猩猩草 25 克、利眠宁 8 片、绿豆粉 50 克（或按比例增加）。

药饵配制方法：先把猪肝或猩猩草拌在一起，再裹上磨碎后的利眠宁粉，最后将绿豆粉裹在最外面。

诱捕方法：傍晚时分将药饵放在离岸不超过 30 厘米的浅水处，一份药饵分四五处，30~40 厘米放一小份。20 分钟后用手电筒照看放药处周围 30 厘米范围，可以发现吃过药饵的鳖身子在泥中，头在水面不动，用手顺势掐住它的脖子，不久后鳖便会自动苏醒，一般每个池塘用药 2 次可以捕尽所有的鳖，两次用药饵时间宜间隔 1 天。

三是潜水摸捕。在 6—8 月，选风平浪静的晴天，沿江河、湖泊、池塘察看鳖的栖息场所，当发现有鳖在浅水处或浮出水

面呼吸时，或者发现有鳖的活动迹象时，可用力击水或利用水盆来拍水，发出震耳的响声，鳖受惊吓而迅速钻入泥沙中潜伏，在水面会出现气泡，顺着气泡的位置潜下即可捕到。水体较深时可在泡沫出现处附近插一根竹竿，然后顺竹竿下去摸捉。水中捉鳖，手脚要轻快，双手一起动作，一手堵住鳖头，使其不能咬人，一手用食指和拇指钳形卡住鳖的后肢两跨腋下将其捉住。水下鳖一般只顾逃脱不会咬人，即使咬一下也会马上松口。出水后如不慎被咬住，放回水中即可松口。

四是灯光照捕。在鳖产卵季节的夜晚，鳖会爬上岸来，掘穴产卵，此时鳖活动迟缓，以手电筒或其他灯光照捕，极易捕获。

五是钓捕。在5—10月，尤其在6—8月，鳖摄食旺盛，可用钓饵诱捕，钓鳖可用针钩或鱼钩。针钓一般使用缝衣针制作。将锦纶线（长约1.5米）穿入针眼，结牢，再在衣针中间打结，最后呈“T”形。针不弯曲，上穿猪肝或鸡、鸭肝脏，调上麻油、茴香、冰片等芳香性药物作诱饵。将钓饵放入水中，钓线的另一端固定于岸上，一般半小时左右即可检查是否有鳖上钩。用现成的鱼钩也可钓鳖。使用长150~200米的干线，每隔1.5米左右系上一根较细的0.5米左右的支线，支线末端装上带饵的钓钩，干线两端可系在竹竿或浮标沉子上。钓饵可用猪肝、蚯蚓、螺、蚌肉等，在江河湖泊中放钩，使钩接近水底，钓捕效果好。

六是打钓捕鳖。钓是专用于捕鳖的工具。在高温季节，鳖必须出水面呼吸空气，可抛出锋利的钓钩而捕获。打钓要迅速、准确。此法适于在池塘和湖泊中捕鳖。

鳖的捕捉方法还有很多，如用叉捕、陷阱捕、麻罩、花篮捕等。使用何种方法要根据自身及环境条件而合理选择。

二、鳖的暂养

暂养又称为囤养。主要容器有薄铁桶、塑料桶（盒），如果数量大，还可用水泥池或用彩条布构建的水池。

刚起捕的鳖，尽管从池塘中直接捕获或用网具捕获，但由于池塘中存在着污泥、杂物，所以鳖的体表和口腔内都会有泥沙和污物，必须用清水冲洗干净后再暂养。运输前暂养一般不超过 3 天，收购站、转运站、经销点为保证鳖的鲜活，有时也需要暂养，不过时间相对短一些。

（一）小容器暂养

容积在 200 千克以下的小容器适合于鳖的短期暂养。暂养数量的体积一般要占容器容积的 20%。为了保证暂养鳖的安全，应采取如下措施：每隔 6 小时左右换 1 次水，采用水体交换的方式换水，不宜用手指经常直接触摸搅动鳖体，水温在 16℃以下，7 天后成活率可达 97%，只是体重略有减轻。若水温在 26℃以上，暂养容器内投放电解多维，每 100 千克水放 1~2 克，48 小时后，成活率可达 92%。

（二）水泥池暂养

这种方法适合于暂养数量在 100 千克以上的养殖或经销户。水泥池面积一般为 20~25 平方米，即 5 米×4 米或 5 米×5 米，池深 0.8 米，保持水深 20 厘米左右，池底还要铺垫细河沙 10 厘米。水过深，鳖不容易将头伸出水面进行口腔呼吸，还造成较大的体力消耗。这样的大容积暂养时间可长一些，但要根据暂

养鳖的数量，做好水质调节，注意水温变化，成活率一般在90%以上。

（三）土池暂养

这是最简单最常用的方法。土池面积以500～1 000平方米为宜，进排水设施完善。池底留淤泥20厘米，保持水深40厘米，在冬季每平方米可以暂养成鳖15～20千克，春夏季节可暂养10千克左右，保持微流水状态，暂养时间可以长达60天以上。如果把雌雄鳖分开饲养，可以避免鳖之间的相互撕咬打斗，暂养时间可以更长一些。

特别需要提醒的是，不宜把大量的成鳖放在干燥的沙堆中越冬，鳖处在长期缺水状态，会造成呼吸不畅、口腔溃疡、皮肤干燥和失去光泽，对于商品鳖会因此影响质量，价格剧降；对于幼鳖会严重影响其成活率。

三、鳖的运输

（一）运输前的准备

要使鳖的运输安全而效率高，必须做好运输前的准备。

一是做好暂养收购或捕捉起来准备运输的鳖，不可随意堆压或封装于麻袋、草包、竹篓、水桶或水缸内，要根据季节，和起运时间采取妥善的措施，做好暂时的饲养管理。

春秋季节，可在水泥池暂养，池底铺沙20厘米，定时定量投喂饵料。并注意换水，保持池水清洁，防治病害。冬季则应暂养在避风向阳的比较温暖的房间里，地上铺松软湿润的泥沙30～40厘米，让鳖钻入沙中潜伏，注意防止受冻。高温季节，应在暂养池里铺上细沙，并放上水草，放鳖后盖上湿草袋，并

经常淋水，保持湿润和清洁。

二是做好运输计划和用具准备运输前应制订周密的计划，准备好必要的设备和工具，根据季节、运输对象选择合适的运输工具、运输路线，尽可能缩短途中时间。

（二）稚鳖的运输

1. 木箱运输

木箱为杉木板与聚乙烯窗纱结构。箱的四周为木板框，规格为45厘米×35厘米× 10厘米。箱底装钉25目的聚乙烯窗纱，顶部备有纱窗箱盖，便于途中洒水和空气对流，木板也钻有孔径1.5厘米的圆形小孔若干个，便于通风。每4~5箱叠成一组，因此，箱与箱之间应有镶嵌槽，运输时各层相互要套装严实，不使稚鳖爬出。装运时先铺一层新鲜水草，放入稚鳖再覆盖一层水草。每层箱可装稚鳖400只左右，一组箱则可装1 600~2 000只。此法工具轻便，运载量大，成活率高。

2. 塑料箱运输

塑料箱可借用食品工业用的周转箱。规格一般为60厘米×40厘米×15厘米，箱底和四周均有通气小孔，运输时数层叠放，运载量大。运输前，箱底铺上一层水草，放鳖后再覆盖一层水草，淋一些水。途中每隔几小时淋水1次，保持一定的湿度。每层可装稚鳖600只左右。塑料周转箱亦可用于成鳖、亲鳖运输，是现成而实用的运输箱。

3. 鱼篓运输

鱼篓装运稚鳖有带水运输和湿法运输。

带水运输是在篓内注水10~20厘米，装稚鳖5千克左右，然

后盖上防逃网。路途较远时要常换水，冬季不必换水，但要防冻。

湿法运输是在篓内铺一层水草，淋少许水，将鳖放上，再覆盖水草、淋水，如此装 3~4 层。此法只适于数小时的短途运输。

（三）成鳖的运输

成鳖的运输包括商品鳖和亲鳖的运输。常用下列几种方法。

1. 桶运

运输桶的规格为 90 厘米×60 厘米×40 厘米，采用木桶或塑料桶，桶底凿几个滤水孔。每桶可装鳖约 20 千克，此法宜在低温季节使用。

2. 低温运输

运输桶与上述桶相似，只是高度提高到 55 厘米左右，桶底也有滤水孔，另外在距桶底 1/3 处做成隔板，将桶分成两层，下层可装鳖 20 千克左右，上层放冰块 15 千克，以降低运输桶温度。此法适宜于高温季节使用。

3. 特制鳖箱运输

在路途遥远，天气炎热时运输商品鳖或亲鳖，为了提高成活率，可采用这种特制运输箱，箱内分成若干小格，格的大小则根据所装鳖的规格而定，1 格装一只鳖，侧放入内。格内先铺些水草，装鳖后再盖些水草，箱盖要钉牢或绑牢，防鳖逃跑。另外，箱盖、箱壁及箱底都设有小孔，以便淋水和滤水。此法运载量大，而且成活率有保证。

第五节 稻鳖病虫害防治

中华鳖喜食田间昆虫、飞蛾等活饵，故田间虫害较少，一

般可不施农药；如果病害较严重，可以喷洒高效低毒的农药和生物制剂进行防治。另外，施药时，可在药液中加入黏附剂，并将喷嘴贴近水稻且朝上，以让药液尽量喷在稻叶上，或者先将其诱至鳖沟、鳖溜中暂养 2~3 天，药效消失后方可放入稻田。

严格遵照“预防为主，防治结合”原则进行病害防治。平时应定期进行鳖沟消毒，每天清洗饵料台；每 20 天用每 20 千克饲料添加大蒜素 50 克拌后投喂或者将中草药铁苋菜、马齿苋、地锦草等拌入饲料中投喂，以预防疾病发生和增强中华鳖体质。高温季节，每 5 天用生石灰水泼洒鱼沟 1 次，每半个月天换水一次，每月用敌百虫、灭虫灵等渔用杀虫剂消毒 1 次。

一、红脖子病

症状：此病的主要特征是腹部出现红色斑点，咽喉部和颈部肿胀，肌肉水肿，行动迟缓，红肿的脖子伸长而不能缩回，时而浮于水面，进而匍伏于池底，人走近时也不逃避。病情严重时，口、鼻出血，肠道发炎糜烂，全身红肿、眼睛混浊发白而失明，不久即死亡，此病传染极快，往往造成成批死亡。

防治方法：

注意经常保持水质清洁，严禁含氨的水流入饲养池内，勿使病鳖混入，当水温下降时，更要重视防病；用土霉素、金霉素等抗生素或磺胺类药物拌入饲料投喂，按每千克体重，第 1 天用药 0.2 克，第 2~6 天减半计算。

二、腐皮病

症状：肉眼可以看到四肢、颈部、尾部、裙边等处皮肤腐

败、糜烂坏死，形成溃疡。严重时，四肢的皮肤烂掉，爪也脱落，骨骼外露，颈部肌肉和骨赂也露出在外，裙边溃烂。患此病而致死亡的情况不多，患处有自然愈合之例。

防治方法：

合理放养，经常加注新水，保持水质清洁；发现此病，要进行隔离治疗，用 10 毫克/千克的磺胺类药物或抗生素浸洗病鳖 48 小时；发现病鳖后，每隔 5～6 天，用 2～3 毫克/千克漂白粉浸洗病鳖一次，30 天左右可愈。

三、白斑病

症状：鳖的四肢、裙边等处出现白色斑点。早期仅出现在裙边边缘部，以后逐渐扩张，形成一块一块的白斑，使得表皮坏死。

防治方法：

用生石灰彻底清塘消毒，经常使池水保持嫩绿色，可减少此病发生；在养殖、捕捞和搬运等操作过程中，尽量细致，勿使鳖体受伤；鳖入池之前，或发现鳖体受伤时，用适量的磺胺药物软膏涂于患处。

四、出血病

症状：腹甲有红斑和出血点，背甲出现溃烂状增生物，溃烂出血，咽喉内壁大量出血和坏死严重。甚至肠出血和黏膜溃疡明显，肾脏、肝脏也出现出血病态。

防治方法：

注意病鳖隔离，用磺胺类药物和抗生素口服或涂擦，有一定效果。

五、寄生虫病

鳖体上的寄生虫有蛭类、原生动物、吸虫及棘头虫等。

防治方法：

对体表寄生虫用 8 毫克/千克的硫酸铜或 20 毫克/千克的高锰酸钾溶液浸洗 30 分钟，能收到较好的疗效。

六、脂肪代谢不良症

症状：剖开腹腔，能嗅到恶臭气。肝脏发黑，骨胳软化。病情严重时，从外表可看到身体隆起较高，腹甲暗褐色，四肢、颈部肿胀，表皮下出现水肿，整体外观异样。

防治方法：

保持饲料新鲜，不投喂腐败变质的食物，经常添加维生素 E 于饲料中；用人工配合饲料饲养，不会引起此病。

七、水质不良引起的疾病（氨中毒）

症状：病鳖四肢、腹部明显地充血、红肿、溃烂，以至形成溃疡，裙边溃烂成锯齿状。

防治方法：

经常保持池水清新；发现此病时，只要全部更换池水，即能自然痊愈。

第四章　稻—鳅生态种养模式及技术

第一节　稻田选择与设施改造

选择水源充足、水质好、排灌方便、保水能力强的稻田。

沟溜式就是在稻田中挖鱼沟、鱼溜，作为泥鳅的主要栖息场所。鱼沟，又叫鱼道，在中、小田中一般按“井”字、“十”字等形挖掘。鱼沟要求分布均匀。四通八达，没有死胡同，宽一般为 35 厘米，深 20～30 厘米。迤沟面积占稻田总面积的 8%～10%。一般在插秧前挖好。

鱼溜是泥鳅夏天里的“避暑山庄”，冬天里的“温室”。鱼溜一般在插秧前挖，位置可在稻田的中央和四角，最多的是在进、排水口处。鱼溜一定要挖在稻田的最低处。垄沟式就是垄上种植水稻、沟里养泥鳅的养鳅稻田样式。在稻田中起垄，上面种稻，垄下是沟，养泥鳅。

一般很少用单纯的垄沟式养泥鳅，都采用沟溜式和垄沟式结合的方式，既有稻垄，又有鱼沟和鱼溜，鱼沟又分垄沟、围沟和主沟等。田塘式指在稻田内部或外部低洼处开挖池塘，池塘与稻田相通的养鳅稻田样式。采用这种样式，泥鳅可在田、塘间自由活动和觅食。池塘面积占稻田面积的 10%～15%，池塘

深度为 1~1.5 米，塘与田以沟相通，沟宽、沟深均为 0.5 米。稻田的进、排水口都要安装拦鱼栅，以防止泥鳅随水逃走。拦鱼栅，一般呈弧形，凸面朝向水流，增大过水面积，缓解水流冲击。拦鱼栅要高出田埂 20 厘米，底部插入泥中。

第二节　作物种植与泥鳅种放养

一、作物种植

（一）选种

选用高产优质抗倒的粳稻品种。

（二）茬口安排

水稻播种期为 5 月 15—20 日，移栽期为 6 月 5—10 日，11 月上旬收割；泥鳅放养时间为 5 月初，11 月初开始捕获泥鳅，抓大放小。

（三）晒田和施肥

避免持续烈日高温期进行，排放水时，田间水位不得低于鳅沟、坑水位。以使用无机肥为主，每亩用量 100~150 千克或每亩施用尿素 25 千克左右，施放时，注意不要撒到沟、坑内；高温期应同时减少或停喂饵料，观察泥鳅是否缺氧，如有异常，应及时加注新水，加深水位。

（三）肥水管理

6 月中旬至 10 月上旬，稻田、沟水相平，田里基本保持浅水层，中间适当露田。10 月中旬排干田水，使田土逐渐硬实，

便于机械收割。

二、泥鳅苗种放养

泥鳅品种可选用当地野生种或引进的品种（如台湾鳗鳅要考虑适应性问题，是否适合所有地区）。放养前 2~3 周，每亩用 100 千克生石灰消毒，1 周后，注入 30~40 厘米新水。同时，每亩施入经腐熟发酵的有机肥 200~300 千克，并在肥料上覆盖少量稻草和泥土，培养水质，为泥鳅种下塘后提供丰富的饵料生物。放养规格要求全长在 3 厘米以上，最好是 5 厘米以上，这样可当年养成商品鳅，见下图。

图　泥鳅苗种

放养时间可根据本地的气候特点，一般在 5 月上旬至 6 月中旬放养为宜，此时水温已达到 20℃以上，泥鳅放养后可正常摄食。放养密度要根据养殖户的管理水平、稻田条件及苗种规格确定。一般 3~5 厘米的鳅种，每亩放养 1 万~2 万尾。鳅种放养前，要用 3%~4%食盐水或 20~30 毫克/升的高锰酸钾浸泡

10~15 分钟。

第三节　饵料投喂

一般每日都需投喂，根据泥鳅活动和摄食情况、视天气变化、水质变化、季节变化等情况决定饲料投喂量，投饲量按泥鳅总体重的3%~5%计算，上午投喂日饵量的40%，下午投喂日饵量的60%。饵料种类可以农副产品为主，如米糠、豆饼、菜籽饼、动物下脚料等，搭配少量鱼粉、蚕蛹粉；后期可在集鱼坑多投喂一些饵料，利于集中捕捞。

第四节　日常管理

一、泥鳅投喂

泥鳅属于杂食性小型经济鱼类，随着气温、水温的升高，泥鳅的活动量和摄食量逐渐增加，应加强饵料的投喂，主要投喂全价膨化饲料，饵料应均匀地投在环沟内，注意观察泥鳅的摄食情况，投喂量要根据摄食情况及时进行调整。投喂采取“四定”原则，定时：每天投喂 2 次，分别是 9 时左右和 17 时左右；定点：饵料投喂在固定的饵料台上；定质：保证投喂的饵料不受潮、不变质、不霉变等；定量：根据泥鳅的不同生长阶段和天气、水温变化进行投喂，在一定时期内投喂量相对稳定，投饵量为泥鳅总重量的 6%~8%，以泥鳅在 1~2 小时内吃完为宜。

二、水体调控

在栽种秧苗 15 天内保持浅水位，这样有利于提高水温和地温，促进稻苗长根和分蘖。随着温度的逐渐升高，秧苗也进入生长旺盛期，此时可以逐步提高水位，当水稻茎蘖数达到计划穗数时可保持稻田水位在 10～20 厘米。在夏季高温季节还要采取加注新水排出老水的办法，一般每月换水 3～4 次，换水量为 10～15 厘米。每 15 天泼洒光合细菌、芽孢杆菌、EM 菌液等微生态制剂和底改类产品进行水质底质调控，以改善水体水质，同时，使用二氧化氯类消毒产品定期对水体进行消毒。

三、敌害预防

泥鳅的生物敌害较多，种类有水蛇、鸭子、乌鳢、黄鳝等；青蛙、水鼠、水蜈蚣、红娘华等水生昆虫。在放养鳅种前彻底清塘，清除池边杂草，保持养殖环境卫生，进水口要用铁筛网围拦好，防止野杂鱼随流水进入池中。饲养管理期间，要及时清除生物敌害，严防敌害生物侵入。

第五节　稻鳅病虫害防治

随着近年泥鳅养殖技术的成熟，放养密度日趋增大，泥鳅病害时有发生，且一旦发生病害，死亡率较高。通常病害防治要本着“重在防治，有病早治”的原则，平时加强水质管理及投喂管理。

一、水稻病虫害的防治

由于稻田养鱼具有除草保肥、灭虫增肥作用，水稻病虫害发

生率也较低。如果水稻生长期内必须防治病虫害时，必须使用高效低毒低残留的生物农药，用药前将鱼全部赶到鱼溜，灌满田水，稻田的一半先用药，剩余的一半隔天再用药，让泥鳅在田间有较多的躲避场所。粉剂宜在早晨露水未干时喷施，水剂在露水干后使用。施药时喷嘴要斜向稻叶或朝上，尽量将药喷在稻叶上。下雨前不要施农药。次日再将鱼溜水换掉 1/3～2/3。严禁含有甲胺磷、毒杀酚、呋喃丹、五氯酚钠等剧毒农药的水流入稻田。

二、泥鳅主要病害的防治

（一）赤皮病

症状：此病由于捕捞、运输过程中碰伤鳅体，或因水质恶化而引起细菌侵入，诱发此病。病鳅的鳍、腹部皮肤及肛门周围充血、溃烂，尾鳍、胸鳍发白溃烂尤为明显，为害较严重。

防治方法：

发现此病可按 1 立方米水体溶解 20 克呋喃奈斯水溶液，浸洗病鳅 15～20 分钟；也可用占全池鳅鱼体重 0.04%的呋喃奈斯拌饵投喂，连喂 3 天，疗效比较显著。

（二）曲骨病

症状：病鳅背骨弯曲，因孵化时水温异常及缺乏维生素所致。

防治方法：

孵化时保持适温，防止水温急剧变化，投喂混合饲料。

（三）水霉病

症状：由于水温较低或冬季鳅体受伤，开春后易感染水霉病。病鳅身上长满白色棉絮状的水霉。

防治方法：

发现此病，用2%～5%的食盐水浸洗病鳅5～10分钟，也可用浓度为10毫克/升的福尔马林溶液浸洗15～30分钟，即可治愈水霉病。

（四）寄生虫病

症状：泥鳅种苗阶段常见有车轮虫、三代虫等寄生虫，被寄生虫侵袭的鳅苗常常浮于水面，急促不安，或在水面打转。

防治方法：

发病鱼池可按1立方米水体用0.5克硫酸铜和0.2克硫酸亚铁制成的合剂全池泼洒。

（五）气泡病

症状：鳅苗阶段，由于水中氧气或其他气体含量过多，易导致气泡病。病鳅肠中充气，腹部鼓起，浮于水面。

防治方法：

发病重池，可用浓度为1克/升的食盐水全池泼洒，或加入新鲜水体。平时投饵要注意适量、多样化，并加强水质管理，可以预防此病的发生。

三、捕捞上市

泥鳅一般经过4~6个月的养殖，可适时捕捞商品鳅上市销售。捕捞时通常采用诱饵篓捕法，即在鱼篓中放入泥鳅喜食的饵料，如炒香的麦麸、米糠、动物内脏、红蚯蚓等，待大量泥鳅进入篓中时起篓即可。捕捞时可以捕大留小，小规格的泥鳅可以作为种苗，转入翌年养殖。

四、暂养

（一）水质和水温

暂养泥鳅，不求生长，只为提高泥鳅的成活率和减少消耗、防止消瘦。水温以 5~10℃为适温，暂养泥鳅密度很大，因此对水质的要求很高。如果用鱼篓或网箱暂养，就要选择水质清澈、水温较低、有缓流的水域；如果用水缸或水泥池暂养，就要选择井水做水源，而且井水使用前要有一个较长的流程，以曝气增氧，换水时注意温差要小，最大不得超过 3℃。

（二）消毒

暂养泥鳅进入暂养环境前，要用食盐水或孔雀石绿溶液洗浴消毒，以防传染病的发生。

（三）加强管理

暂养泥鳅密度大，要加强管理，勤观察，勤换水，勤清污。发现病、死泥鳅要及时捞出，看是否是传染病，如果是，就要及时采取措施，防止传染。

第五章　稻—蟹生态种养模式及技术

第一节　稻田选择与设施改造

一、稻田选择与作垄施肥

选择水源充沛、水质良好、排灌方便、保水性强、黏性土质的稻田，见下图。

图　稻蟹共存

将原来养殖蟹种的深塘改为浅塘，整平围沟内侧的平台。种植水稻的田块要设置防逃设施，用塑料薄膜沿稻田四周田埂

铺设。每隔1米左右用木桩或竹片支撑，木桩在塑料薄膜的外侧。塑料薄膜上用铁丝或尼龙绳缝合后固定于木桩上。薄膜土上高度为50厘米，埋入土下10~15厘米，内外沿用碎土铺平夯实，防止积水穿洞。其次要开挖围沟，围沟沿田埂内侧1米处开挖，一般围沟面宽2~2.5米，沟深0.8米，坡比1∶3，中间的平台和围沟外侧用于种植水稻。还要设置独立的进水系统，进排水口呈对角线排列，进水主要依靠水泵，进水时在水泵出水口处设置60目尼龙筛绢，防止敌害生物和小杂鱼、鱼卵的进入，与蟹种争食、争氧对养殖带来不利影响。

二、田间沟的开挖

1. 稻田的选择

养蟹稻田必须选择灌排水畅通、水质清新、地势平坦、保水保肥性能好、无污染的田块，土质以黄黏土为好，面积8~10亩为宜。

2. 水源要得到保证

这是稻田养殖河蟹的物质基础。要选择水源充足，水质良好，无污染的地方，雨季水多不漫田、旱季水少不干涸、排灌方便、无有毒污水流入。进行稻田养蟹，一般选在沿湖沿河两岸的低洼地、滩涂地或沿库下游的宜渔稻田。

3. 开挖蟹沟

这是稻田养蟹的重要技术措施。稻田因水位较浅，夏季高温对河蟹的影响较大，因此必须在稻田四周开挖环形沟，面积较大的稻田，还应开挖“田”字形、“川”字形或“井”字形

的田间沟。环形沟距田间1.5米左右，环形沟上口宽3米，下口宽0.8米；田间沟沟宽1.5米，深0.5~0.8米。蟹沟既可防止水田干涸和作为烤稻田、施追肥、喷农药时河蟹的退避处，也是夏季高温时河蟹栖息隐蔽遮阴的场所，沟的总面积占稻田面积的8%~15%。

4. 加高加固田埂

抓好田块整理关，是河蟹高产高效的基本条件。为了保证养蟹稻田达到一定的水位，增加河蟹活动的立体空间，需加高加固田埂，可将开挖环形沟的泥土垒在田埂上并夯实，要求做到不裂、不漏、不垮，确保田埂高达1.0~1.2米，宽达1.2~1.5米。

5. 防逃设施

防逃设施有多种，常用的有两种，第一种防逃设施是安插高55厘米的硬质钙塑板作为防逃板，埋入田埂泥土中约15厘米，每隔75~100厘米处用一木桩固定。注意四角应做成弧形，防止河蟹以叠罗汉的方式或沿夹角攀爬外逃。第二种防逃设施是采用网片和硬质塑料薄膜共同防逃，在易涝的低洼稻田主要以这种方式防逃，用高1.2~1.5米的密网围在稻田四周，在网上内面距顶端10厘米处再缝上一条宽25~30厘米的硬质塑料薄膜即可。

稻田开设的进排水口应用双层密网防逃，同时也能有效地防止蛙卵、野杂鱼卵及幼体进入稻田为害蜕壳蟹；同时为了防止夏天雨季冲毁堤埂，稻田应开施一个溢水口，溢水口也用双层密网过滤，防止幼河蟹趁机逃走。

6. 放养前的准备工作

及时杀灭敌害，可用鱼藤酮、茶粕、生石灰、漂白粉等药物杀灭蛙卵、鳝、鳅及其他水生敌害和寄生虫等；种植水草，营造适宜的生存环境，在环形沟及田间沟种植沉水植物如聚草、苦草等，并在水面上移养漂浮水生植物如芜萍、紫背浮萍、凤眼莲等；培肥水体，调节水质，为了保证河蟹有充足的活饵供取食，可在放种苗前 1 个星期施有机肥，常用的有干鸡粪、猪粪，并及时调节水质，确保养蟹水质保持肥、活、嫩、爽、清。

三、水质调节

幼蟹对水质尤其是溶解氧的要求比较高，初放时水深应超过田面 5~10 厘米，7—8 月高温季节应及时补充新水，并加高水位，以控制水温，改善水质。在早稻收获后，一方面稻桩腐烂会败坏水质，另一方面水温尚处于高温季节，因此要特别注意水温的调控措施，定期泼洒生石灰浆，水源充足时，可在每天 15—17 时换冲水，并使田水呈微流动状态。

第二节　作物种植与蟹种放养

一、水稻栽培

（一）晒田

水稻生长过程中必须晒田，以促进水稻根系的生长发育，控制无效分蘖，防止倒伏，夺取高产。农谚对水稻用水进行了科学的总结，那就是“浅水栽秧、深水活棵、薄水分蘖、脱水

晒田、复水长粗、厚水抽穗、湿润灌浆、干干湿湿”。因此有经验的农户常常会采用晒田的方法来抑制无效分蘖，这时的水位很浅，这对养殖河蟹是非常不利的，因此，要做好稻田的水位调控工作是非常有必要的，生产实践中有一条经验，那就是“平时水沿堤，晒田水位低，沟溜起作用，晒田不伤蟹”。解决河蟹与水稻晒田矛盾的措施是：缓慢降低水位至田面以下 5 厘米处，轻烤快晒，2~3 天后即可恢复正常水位。

（二）稻田施肥

施足基肥，基肥以长效饼肥和畜禽粪肥等有机肥为主，可施饼肥 200~300 千克/亩或畜禽有机肥 1 000~ 2 000千克/亩。

（三）秧苗抛栽

一般 5 月上旬进行秧苗抛栽，采用宽行稀植、浅水抛栽的方法。抛栽密度一般行距 28 厘米，穴距 13~15 厘米，以株秧叶龄计算，如旱育秧 4~5 叶龄，达到 10 万株/亩基本苗即可。

二、移栽水草

蟹种放养前，在围沟内移栽苦草、轮叶黑藻等沉水性植物，保证蟹沟内水草覆盖率达 30%左右。

三、清野消毒

在稻田放水前一星期，彻底清除稻田及蟹沟里的蛇、鼠、蛙、野杂鱼等敌害生物。然后每亩稻田用 75 千克左右生石灰化水全田泼洒消毒。

四、蟹种放养

（一）蟹种选择

以长江水系的蟹种最适宜，天然捕捞或人工培育的均可。蟹种要求体质强壮、规格整齐、现捕、现运、现放、暂养时间不宜过长，否则影响成活率，最好走“自育自养”之路。

“早熟蟹”和“小老蟹”不论个体大小都不能投放。长江天然捕捞的蟹种中“早熟蟹”极少，人工培育的较多。凡雌蟹腹部已长成团脐，四周布满刚毛的为“早熟蟹”；雄蟹用手摸尖脐，基部两侧多有突出的为“早熟蟹”。

（二）放养规格

扣蟹选择200只/千克以下的为宜，最好个体在10克以上的为佳；早繁苗选择2 000~8 000只/千克。

（三）放养时间

扣蟹春节前后放养为宜，早繁苗最好在4月以前投放。

（四）放养密度

扣蟹500只/亩左右，早繁苗1 000~1 500只/亩。

第三节　稻田培育蟹种技术

一、大眼幼体的选购及放养

蟹苗成活率的高低，苗种质量是关键。要选择日龄足、淡化程度好、游泳快的健壮大眼幼体。用于稻田培育蟹种的大眼

幼体，一般采用常温下的人繁苗（以土池育苗为佳）或天然苗，放养时间以5月中下旬到6月上旬为宜，太早易导致性早熟，太迟培育的蟹种规格太小，失去了“育扣蟹、养大蟹、赚大钱”的优势。由于稻田育苗面积比较大，天然饵料丰富，光照条件好，植物光合作用旺盛，水体溶氧丰富，每亩可放养1.25~1.75千克规格为15万~16万只/千克的大眼幼体，或者投放经第Ⅰ期变态后的规格为5万~6万只/千克的仔幼蟹0.75~1.25千克。

二、大眼幼体质量的鉴别

大眼幼体（即蟹苗）因其一对较大的复眼着生于长长的眼柄末端，显露于眼窝之外而得名，它不但具有发达的游泳肢，而且有较强的攀爬能力，经过一次变态就蜕皮成第Ⅰ期幼蟹。所谓培育仔幼蟹，就是把购进的大眼幼体在培育池中进行培育，经变态、蜕壳成第Ⅴ至第Ⅵ期幼蟹。

据调查分析，有不少育苗户由于购买蟹苗不当，造成严重的经济损失，因此正确鉴别蟹苗质量非常重要。若要购买到优质蟹苗，必须注意以下几点。

1. 查询法

购买人工繁殖的蟹苗时，若有可能，最好是查询雌蟹亲本的个体大小及发育程度，判断蟹苗的孵化率及个体发育状况。同时也要仔细询问蟹苗的日龄、饵料投喂情况、水温状况、淡化处理过程及池内蟹苗密度。若一般饲养管理较好，蟹苗日龄已达5~7天，且经过多次淡化处理，淡化浓度在0.2%~0.4%，说明该池蟹苗质量较好；反之，购买时应慎重考虑。

2. 观察判断法

在人工繁育的蟹苗池边，注意观察池内蟹苗的活动情况，包括游泳能力、攀爬能力及趋光性的敏锐度，同时观察池内蟹苗的密度。如果蟹苗游泳姿态正常、游动能力、攀爬能力及对光线的趋向性强、池内蟹苗密度过大，每立方米水体超过 8 万~10 万只，说明该池蟹苗质量较好；反之，购买时应慎重考虑。

3. 称重计数法

将准备出池的蟹苗用长柄捞网或三角抄网任意捞取一部分，沥干水分用天平称取 1~2 克，逐只过数。折算后规格达到 12 万~16 万只/千克，说明蟹苗质量较好；如果苗龄过短，个体过小，超过 18 万只/千克，则说明蟹苗太嫩，不能出池。

4. 观察体表

体格健壮的蟹苗，一般规格比较整齐，体表呈黄褐色，游泳活跃，爬行敏捷。检查时，进行目测的标准是：用手抓一把已沥去水分的大眼幼体，轻轻一握，甩一下，然后松开手撒在苗箱里，看蟹苗活动情况，如立即四处逃走，爬行十分敏捷，则说明蟹苗质量较好，放养成活率则较高。

5. 室内干法或湿法模拟实验

干法模拟实验是将池内的蟹苗称取 1~2 克，用湿纱布包起来或撒在盛有潮湿棕榈片的玻璃容器内，放在室内阴凉处，经 12~15 小时后检查，若 80%以上的蟹苗都很活跃，爬行迅速，说明蟹苗质量较好，可以运输。湿法模拟实验是将蟹苗称取 1~2 克放在小面盆或小桶内，加少量水，观察 10~15 小时，若成活率在 80%~85%，说明蟹苗质量较好。

三、科学投饲

提高蟹苗成活率，投饵环节至关重要，初放的10天内一般投喂丰年虫，效果较好，也可投喂豆浆、鱼糜、红虫等鲜活适口饵料，投饵率为河蟹体重的50%左右。随着幼蟹生长速度的加快和变态次数的增多，投饵率逐渐下降至10%。1个月后，幼蟹已完成第Ⅲ至第Ⅴ期蜕壳，规格在1.5万~2万只/千克，此时开始停喂精料，以投喂水草为主，并辅以少量的浸泡小麦，这样有利于控制性早熟。进入9月中旬，气温渐降，幼蟹应及时补充能量，以适应越冬之需，开始投喂精饲料，投饵率达5%~10%，到11月中旬，确保幼蟹规格达到80~150只/千克。

四、捕获

利用稻田培育蟹种，在捕获时可采用以下几种方法：流水刺激捕捞法、地笼张捕法、灯光诱捕法、草把聚捕法，尤其以流水刺激和地笼张捕相结合效果最佳。在捕捉时，将地笼张捕在流水的出入口处，隔10米放置一条，将田水的水位缓慢下降，使蟹种全部进入蟹沟，再利用微流水刺激或水位反复升降来刺激捕捞。最后放干田水后将少部分（占2%~5%）的蟹种人工挖捕。

第四节　养殖成蟹技术

一、蟹的鉴别与放养

蟹的质量优劣直接决定成蟹的养殖效益，因此正确鉴别优

质蟹是养殖生产的关键环节。蟹鉴别的几个方法如下：一是鉴定蟹种源，目前市场上蟹种种质资源十分混乱，其中以长江蟹种稳定性能好、生长速度快、成活率及回捕率高，鉴定时主要从河蟹的前额齿的尖锐程度、疣突的形状、步足的扁平程度及附肢刚毛等几个方面进行；二是选择品系纯正、苗体健壮、规格均匀、体表光洁不沾污物、色泽鲜亮、活动敏捷的蟹种；三是投放的蟹种要求甲壳完整、肢体齐全、无病无伤、活力强、规格整齐，同一来源，选择一龄蟹，不选性早熟的二龄种和老头蟹种；四是对蟹种进行体表检查，随机挑 3~5 只蟹种把背壳扒去，鳃片整齐无短缺、鳃片淡黄或黄白，无固着异物、无聚缩虫，肝脏呈菊黄色，丝条清晰者为健康无病的优质蟹种，如果发现蟹种的鳃片有短缺、黑鳃、烂鳃等现象，同时蟹种的肝脏明显变小，颜色变异无光泽则为劣质蟹种、带病蟹种；五是剔除伤病蟹种，虽然伤残附肢可以再生，但将影响成蟹规格，更重要的是缺少附肢的蟹种，成活率明显降低，因此必须剔除肢体残缺、活动能力不强、体表有寄生虫的蟹种；六是挑出性早熟蟹，性早熟蟹种已经没有任何养殖意义，应及时挑选并处理。早熟蟹的剔除方法主要是从大螯绒毛环生的程度、蟹脐圆与尖的比例、雌蟹卵巢轮廓的大小、雄蟹交接器（生殖器）的硬化程度及附肢刚毛密生程度等进行筛选。

蟹的放养时间以 2 月中旬至 3 月上旬为主，此时温度低，河蟹活动能力及新陈代谢强度低，有利于提高运输成活率。每亩稻田宜放养规格为 120~200 只/千克的蟹种 400~600 只。

由于蟹放养与水稻移植有一定的时间差，因此暂养蟹种是必要的。目前常用的暂养方法有网箱暂养及田头土池暂养，由于网

箱暂养时间不宜过长，否则会折断附肢且互相残杀现象严重，因此建议在田头开辟土池暂养。具体方法是蟹种放养前半个月，在稻田田头开挖一条面积占稻田面积2%~5%的土池，用于暂养蟹。

二、不宜投放的蟹种

1. 早熟蟹种不要投放

有的蟹种虽然看起来很小，只有20~30克，但是它们的性腺已经成熟，如果把这种蟹种放养在池塘里，在开春后直至第二次蜕壳时会逐渐死去。这种蟹前壳呈墨绿色，雄蟹螯足绒毛粗长发达，螯足、步足刚健有力，雌蟹肚脐变成椭圆形，四周有小黑毛，是典型的性早熟蟹种，没有任何养殖意义。

2. 小老蟹苗不要投放

人们在生产上通常将小老蟹称为“懒小蟹”“僵蟹”，因为它们已在淡水中生长二秋龄，因某种原因未能长大，之后也很难长大，也就是常说的“养僵了”。一般性腺已成熟，所以背甲发青，腹部四周有毛，夏季易死亡，回捕率很低。

3. 病蟹不要投放

病蟹四肢无力，动作迟钝，入水再拿出后口中泡沫不多，腹部有时有小白斑点，这样的蟹种不要投放；蟹种肢体不全者或有其他损伤尤其是大螯不全者最好不要投放，断肢河蟹虽能再生新足，但商品档次下降，所以也不要投放；蟹种的鳃片有短缺、黑鳃、烂鳃等现象时不要投放；蟹种活动能力不强，同时蟹种的肝脏明显变小，颜色变异无光泽的也不要投放。

4. 咸水蟹种不要投放

这种蟹在海边长大，它的外表和正宗蟹种没有明显区别，

但如果把咸水蟹放在淡水中一段时间，则有的死亡，有的爬行无力，有的则体色改变。

5. 氏纹弓蟹种不要投放

氏纹弓蟹又称铁蟹、蟛蜞，淡水河中生长较多，它是一种长不大的水产动物，最大50克左右，品质差。由于它的幼体外形和中华绒螯蟹非常相似，所以常有人捕来以假乱真。稍加注意，不难发现：氏纹弓蟹背甲方形，步足有短细绒毛，色泽较淡。

三、"小老蟹"的鉴别方法

养殖户在选择蟹种的时候，一定要避免性早熟蟹。河蟹性早熟就是在其尚未达到商品规格时，已由黄蟹蜕壳变为绿蟹，这时它们的性腺已经发育成熟，如果在盐度变化的刺激下，是能够交配产卵并繁殖后代的，这种未达商品规格就性成熟的蟹通常被称为"小老蟹"。

"小老蟹"个体规格为每千克20~28只，由于它们的大小与大规格蟹种基本一样，所以有的养殖户特别是刚刚从事河蟹养殖的人难以将它们区分开来。而如果将这种"小老蟹"作为蟹种翌年继续养殖时，不仅生长缓慢，而且易因蜕壳不遂而死亡，更重要的是它们几乎不可能再具有生长发育的空间了，将会给养殖生产带来损失。因此，一定要杜绝"小老蟹"在池塘里的养殖。现介绍一些较为简便易行的鉴别方法供养殖生产参考。

通常将鉴别"小老蟹"的方法简称为"五看一称"法。

一是看腹部：正常的蟹种，在处于幼年期，不论雌雄个体，它们的腹部都是呈狭长状的，略呈三角形。随着河蟹的蜕壳生长，雄蟹的腹部仍然保持三角形，而雌蟹的腹部将随着蜕壳次

数的增加而慢慢变圆，到了成熟时就成为相当圆的脐了，所以成熟河蟹有“雌圆雄尖”的说法。因此在选购蟹种时，要观看蟹种的腹部，如果都是三角形或近似三角形的蟹种，即为正常蟹种，如果蟹种腹部已经变圆，且圆的周围密生绒毛，那么就是性腺成熟的蟹种，就是明显的“小老蟹”，不要购买。

二是看交接器：观看交接器是辨认雄蟹是否成熟的有效方法，打开雄蟹的腹部，发现里面有 2 对附肢，着生于第一至第二腹节上，其作用是形成细管状的第一附肢，在交配时 1 对附肢的末端紧紧地贴吸在雌蟹腹部第五节的生殖孔上，故雄蟹的这对附肢叫交接器。正常的蟹种，由于它们还没有达到性成熟，性激素分泌有限，因此在交接器的表现上为软管状，而性成熟的“小老蟹”的交接器则在性腺的作用下，变为坚硬的骨质化管状体，且末端周生绒毛，所以说交接器是否骨质化就是判断雄蟹是否成熟的条件之一。

三是看螯足和步足：正常蟹种步足的前节和胸节上的刚毛短而稀，不仔细观察根本就不会注意到，而在成熟的“小老蟹”上则表现为刚毛粗长，稠密且坚硬。

四是看性腺：打开蟹种的头胸甲，如果只能看到黄色的肝脏，那就说明是正常的蟹种。若是性腺成熟的雌蟹，在肝区上面有 2 条紫色长条状物，这就是卵巢，肉眼可清楚地看到卵粒。若是性成熟的雄蟹，肝区有 2 条白色块状物，即精巢，俗称“蟹膏”。一旦出现这些情况就说明河蟹已经成熟了，就是“小老蟹”，当然是不能放养的。

五是看河蟹的背甲颜色和蟹纹：正常蟹种的头胸甲背部的颜色为黄色，或黄里夹杂着少量淡绿色，其颜色在蟹种个体越

小时越淡；性成熟的“小老蟹”背部颜色较深，为绿色，有的甚至为墨绿色，这就是性成熟蟹被称为“绿蟹”的原因，绿蟹就是“小老蟹”，是没有任何养殖意义的；蟹纹是蟹背部多处起伏状的俗称，正常蟹种背部较平坦，起伏不明显，而性成熟蟹种背部凹凸不平，起伏相当明显。

“一称”是称体重：生产实践表明，个体重小于15克的蟹基本上是没有性早熟的；“小老蟹”体重一般都在20～50克。因此在选择蟹种时，为了安全起见，在没有绝对判断能力时，可以通过称重来选购蟹种。在北方宜选择体重10～15克的蟹种，即每千克蟹种的个数在60～100只，在南方可选用5～10克的，即每千克蟹种的个数在100～200只，这样既能保证达到上市规格，又可较好地避免选中“小老蟹”。

四、放养蟹种的“三改”措施

由于稻田养殖河蟹一般是一年养殖，为了达到当年养大蟹、养健康蟹的目的，在蟹种投放上应坚持“三改”，改小规格为大规格放养、改高密度为低密度放养、改别处购蟹种为自育蟹种。尽量选择土池培育的长江水系中华绒螯蟹蟹种，为保证蟹种质量可自选亲本到沿海繁苗场跟踪繁殖再回到内地自育自养。

五、蟹种移养

待秧苗移植1周且禾苗成活返青后，可将暂养池与土池挖通，并用微流水刺激，促进蟹进入大田生长，通常称为“稻田二级养蟹法”。利用此种方法可以有效地提高河蟹成活率，也能促进河蟹适应新的生态环境。

六、投放螺蛳

螺蛳是河蟹很重要的动物性饵料，由于一般的稻田里并没有丰富的螺蛳，因此在放养前需要人工投放螺蛳，一般是在清明前每亩放养鲜活螺蛳 100 千克就可以了。投放螺蛳一方面可以改善稻田的底质、净化底质，另一方面可以补充动物性饵料，这两点至关重要。

七、投饵管理

稻田养成蟹，一般以人工投饵为主，饵料种类较多，有天然饵料如稻田中的野草、昆虫；人工投喂饵料如野杂鱼虾；配合颗粒饲料及投喂的浮萍、水草等。日投饵量应保持在 5%～7%，饵料主要投喂在环形沟边。

八、管理措施

1. 水位调节

水位调节，是稻田养蟹过程中的重要一环，应以稻为主，前期水位宜浅，保持在 10 厘米左右；后期宜深，保持在 20～25 厘米。在水稻有效分蘖期采取浅灌，保证水稻的正常生长；进入水稻无效分蘖期，水深可调节到 20 厘米，既增加河蟹的活动空间，又促进水稻的增产，夏季每隔 3～5 天换冲水 1 次，每次换水量为田间水位的 1/4～1/3。

2. 施药

稻田养蟹特别是成蟹养殖能有效地抑制杂草生长；河蟹摄食昆虫，降低病虫害，所以要尽量减少除草剂及农药的施用。

在插秧前用高效、低毒农药封闭除草，蟹种入池后，若再发生草荒，可人工拔除。

九、病害

（一）聚缩虫病

聚缩虫病属原生动物门、纤毛虫纲、缘毛目、钟虫科。聚缩虫成树枝状，个体着生许多纤毛，固着于物体上形成很大的群体，其根部寄生于河蟹溞状幼体的头胸部、腹部处。抱卵蟹的卵粒也有聚缩虫寄生。当受到刺激，整个群体即会收缩。当海水盐度 0.003，水温 18～20℃，聚缩虫在溞状幼体上迅速繁殖。感染强度 1～5 个，超过幼体大小的 2～3 倍，使幼体漂浮于水面呈白絮状。被感染的溞状幼体活动能力弱，体质瘦弱，蜕皮困难，严重的出现死亡。

防治方法：

目前采用甲醛或新洁尔灭二种药物。使用新洁尔灭浓度为 10 毫升/升，全池泼洒，浸浴 30～40 分钟。使用甲醛浓度为 20 毫升/升全池泼洒，浸浴 8 小时，但在 1 天内应进行水体交换，以排除剩余的甲醛。

（二）菱形海发藻病

菱形海发藻属浮游硅藻类羽纺藻目，其细胞以胶质相连，形成星状或锯齿状的群体，壳环面呈狭棒状。菱形海发藻细胞长 30～116 微米，宽 5～6 微米，分布极为广泛，当海水盐度达 0.03 左右，水温 18～20℃时，在水质肥沃，光线充足的培育池内，可在溞状幼体上迅速繁殖。溞状幼体附生海发藻后，不断扭动腹部挣扎，力图摆脱，受害的溞状幼体 4～5 天内死亡。

防治方法：

一般采用增加换水次数，控制光照，适当加温来促进幼体变态等预防措施。

（三）蟹奴病

蟹奴属甲壳纲、蔓足类、根头目。蟹有寄生蟹奴的，没有十分明显病灶，仅腹面的脐略显肿大，揭开脐盖，可见直径 2~5 毫米，厚 1 毫米的乳白色或半透明颗粒状虫体。蟹奴寄生后直接破坏河蟹的性腺发育，造成河蟹生长缓慢，以至不能食用。该病主要是池水含盐量在 0.001 以上，蟹奴大量繁殖，幼体扩散感染所致。

蟹奴病流行有季节变化，雌体比例大于雄体，大致从 7 月开始，9 月达高峰，10 月后逐渐下降，11 月后基本停止。

防治方法：

一是彻底清塘，杀灭蟹奴幼虫，常用漂白粉、敌百虫、甲醛等。二是更换池水，注入新淡水。三是用高锰酸钾 20 毫升/升溶液，浸洗病蟹 10~20 分钟。四是用硫酸铜 8 毫升/升溶液，浸洗病蟹 10~20 分钟。五是硫酸铜、硫酸亚铁（5：2），用 0.7 毫升/升溶液，全池泼洒。

（四）腐壳病

病蟹步足尖端破损，成黑色溃疡并腐烂，然后步足各节及背甲、胸板出现白色斑点，并逐渐变成黑色溃疡，严重时甲壳被腐蚀成洞，可见肌肉或皮膜，导致河蟹死亡。该病是由河蟹步足尖端受损伤感染病菌所致。

防治方法：

一是用生石灰彻底清塘，保持水质清洁，夏季经常加注新

水，清除塘底淤泥。饲养期间，定期用生石灰全池泼洒，其浓度为15~20毫升/升。二是治疗用漂白粉20毫升/升浓度全池泼洒，并在饲料中加磺胺类药物，每千克饲料加药1克，连续喂3天。

（五）着毛病

在河蟹的颊部、额部、步足关节上附着水绵等丝状藻类以后，使得河蟹行动缓慢，进食减少，如堵塞出水孔，造成河蟹窒息死亡。这种病，一般在4月底5月初发生。

防治：

一是忌用农田肥水。二是4、5月河蟹生长蜕壳的高峰期过后，用青灰（草木灰）遮挡1/2的池塘水面，使水绿缺少阳光而死，并将死去的水绿捞出。三是6—7月，每亩用20千克生石灰（水深1米）全池泼洒，通过提高pH值，抑制水绿滋生，隔10~15天再用1次，杜绝此症的感染。四是用硫酸铜全池泼洒，使用浓度0.8毫升/升较好地杀灭青苔。五是用生石膏粉全池泼洒呈25~30毫升/升，连喷3次，每次间隔时间3~4天。

（六）黑鳃病

病蟹鳃受感染变色，病轻时左右鳃丝部分呈现暗灰或黑色，病重时鳃丝全部变成黑色，病蟹行动迟缓，呼吸困难，俗称叹气病，该病多发生在成蟹养殖后期。水环境条件恶化是发病的主要原因。

防治方法：

一是用生石灰清塘，清除塘底淤泥，饲养期间如发病，用生石灰水全池泼洒，浓度为15~20毫升/升，连续使用2次。

二是将病蟹放在2~3毫升/升呋喃唑酮溶液中浸洗3~4次。

（七）烂肢病

病蟹腹部及附肢腐烂，肛门红肿，摄食减少或停食，活动迟缓，最后无法蜕壳而死。该病是因在扦捕、运输、放养过程中受伤或生长过程中敌害致伤感染病菌所致。

防治方法：

一是操作要细心，勿使蟹体受伤。

二是放养前用呋喃唑酮 2 毫升/升溶液浸泡 10 分钟后投放。

三是用土霉素或呋喃西林 1 毫升/升全池泼洒。

四是用生石灰 15～20 毫升/升，全池泼洒，连续使用 2～3 次。

（八）水肿病

病蟹腹部、腹脐及背壳下方肿大呈透明状，病蟹在池边停食，在池的浅水处死亡。该病是因在河蟹养殖过程中其腹部受伤感染病菌所致。

防治方法：

一是在养殖过程中操作要细心，勿使蟹体腹部受伤。

二是用土霉素或呋喃西林 1 毫升/升，全池泼洒。

三是用呋喃唑酮 0.2 毫升/升，全池泼洒。

（九）水霉病

病蟹体表，尤其是伤口部位，生长着棉絮状菌丝，病蟹行动迟缓，摄食减少，伤口不愈合，导致伤口部位组织溃烂并蔓延，造成死亡。该病因河蟹受伤，霉菌侵入伤口所致。

防治方法：

一是在扦捕、运输、放养等操作过程中勿使蟹体受伤。

二是用孔雀绿 0.25 毫升/升，全池泼洒，隔 5 天后再施 1 次。

三是用食盐水 3%～5%，浸洗病蟹 5 分钟，并用碘酒 5%，涂抹患处。

（十）纤毛虫病

病蟹的关节、步足、背壳、额部、附肢及鳃上都可附着纤毛虫类的原生动物。病蟹体表污物较多，活动及摄食能力减弱，重者可在黎明前死去。该病是因池水过肥，长期不换水，纤毛虫类原生动物大量繁殖并寄生于蟹体所致。

防治方法：

一是用甲醛 5～10 毫升/升，全池泼洒。

二是用硫酸酮、硫酸亚铁（5∶2）合剂 0.7 毫升/升，全池泼洒。

三是用新洁尔灭 0.5～1 毫升/升与高锰酸钾 5～10 毫升/升混合液，浸洗病蟹 10 分钟。

四是用孔雀绿 0.2～0.3 毫升/升，沿池边水草等河蟹密集处泼洒。

（十一）肠、胃鼓气病

病蟹消化不良，肠、胃发炎，胀气，打开腹盖，轻压肛门，可见黄色黏液流出。该病是由于投饵不均匀或变质或难于消化的饲料而引起的。

防治方法：定时投饲。在饲料中加入大蒜，每千克饲料加大蒜 100 克，连喂 3 次。每千克饲料中呋喃唑酮 1 克，制成药饵，连喂 3 天。

（十二）蜕壳不遂病

病蟹的头胸甲后缘与腹部交界处出现裂口，但不能蜕去旧壳，病蟹周身发黑直至死亡。发病原因与在生长过程中缺乏某些矿物质元素有关。

防治方法：

定期用生石灰 10~15 毫升/升，全池泼洒。在饲料中添加适量的蜕壳素及贝壳粉、骨粉、蛋壳粉、鱼粉等矿物质含量较多的物质。

（十三）曲弓反背病

该病幼体腹部出现褐色块斑，肠道无食物，尾部向背弯曲至头部，造成幼体死亡。

防治方法：

用土霉素 0.5 毫升/升，定期消毒养殖池水体。

十、捕捞

稻谷收获一般采取收谷留桩的办法，然后将水位提高至 40~50 厘米，并适当施肥，促进稻桩返青，为河蟹提供遮阴场所及天然饵料来源，稻田养蟹的成蟹捕捞时间在 10—12 月为宜，蟹种收获在春节前后进行，可采用夜晚岸边捉捕法、灯光诱捕法、地笼张捕法，最后放干田水挖捕。

第五节　当年蟹苗养殖成蟹技术

由于当年蟹苗养殖成蟹规格小、口感差、价格低、效益不好，近年来有逐渐被淘汰的趋势。但是由于这种模式具有生产成本低，

当年就能长出商品蟹，从而能实现当年投入当年收益的效果，虽然价格要比大蟹低一点，但是整体效益要比单纯种植水稻要强得多，因此还有一定的市场，其养殖方法及步骤如下。

一、蟹苗的培育

主要是选购大眼幼体进行温棚强化培育成第Ⅳ至第Ⅴ期幼蟹，关键技术是做好“双控”工作：一是抓好控温保温措施，采用双层塑料薄膜保温，使培育期的温度保持在20~22℃；二是做好辅饵料的调控工作，刚变态时饵料宜少而精，只占蟹苗体重的15%~20%，不能多喂，否则易腐败水质，进入第Ⅰ期变态后投饵率可上升至50%~100%。另外，水质的调控、氧气的充足、水草的保证、天敌的清除也要抓好。购苗时间宜在3月中下旬，过早成活率太低，影响效益，过晚当年养成的河蟹规格太小，没有市场。

二、幼蟹的移养

通常在5月上中旬即可将第Ⅴ期幼蟹移养到大田中强化饲养。由于幼蟹娇嫩，起捕时要小心操作，可采用草把聚捕与微流水刺激相结合的方法，经过多次捕捞后可以起捕95%左右的幼蟹。

三、强化培育

这是幼蟹进入大田后生长的关键时期，要加强饵料的供应，确保质量尤其是蛋白质含量要充足，田内水草和螺蚬资源要丰富，可以满足河蟹摄食和栖居的需要，水质要清新。

在水草种群比较丰富的条件下，河蟹摄食水草有明显的选

择性，爱吃沉水植物中的伊乐藻、菹草、轮叶黑藻、金鱼藻，不吃聚草，苦草也仅吃根部。因此，要在稻田的田间沟里及时补充一些河蟹爱吃的水草。

在河蟹进入生长季节，应坚持每天投饵，投饵应坚持“四定”投喂原则。饵料搭配在3—5月以植物性饵料为主，6—8月以动物性饵料为主，如小杂鱼、螺蚬类、蚌肉等，9月为促肥长膘期，应加大动物性饵料的投喂量。

四、收获

收获时间在10—12月为宜，方法与蟹养殖成蟹的捕捞方法一样。由于受市场冲击较大，建议这种小规格的河蟹起捕后最好在专池中暂养，待价而沽。

第六章　稻—蛙生态种养模式及技术

第一节　稻田选择与设施改造

一、稻田选择与围网分割实施

稻田养蛙的田块应选择相对偏离人烟居住的地方，且田块相对规整、大小适宜、水源方便、天干不旱和雨涝不淹。田块不宜过大，对于较大田块可用围网（防逃网）分割为若干小单元，并在围网内留出距蛙沟约80厘米宽的田埂，大小以200平方米左右为宜，过大不利于观察蛙群在田间的活动及采食情况，不利于蛙群的人工驯化投料和集中饲养管理，过小则容易造成蛙群过度集中而发生踩踏伤亡事件。

二、开挖蛙沟蛙溜

蛙沟蛙溜的建设不仅能满足蛙类动物的两栖生活习性，也能便于后期水稻收割前对蛙类的捕捉。蛙沟的建设可沿田埂内侧四周开挖一条宽0.6米、深0.8米的环形蛙沟，并在田间开挖一定数量的面积约8平方米、深1.2米的蛙溜，蛙溜的数量及大小可根据蛙种投放密度进行合理调整，并利用开挖的泥土加宽、

加固、加高田埂。

三、饵料台搭建

蛙具有互相残食的习性，体质弱小的蛙及病蛙会被蛙群中的其他个体吃掉。另外，稻田中的天然饵料也不能满足大量蛙群的采食。因此，在蛙群投放后如果不能及时进行人工投喂饲料，就会造成蛙群生长不同步，进而加剧蛙群内的自相残食现象。搭建饵料台一是能解决定时定点投料的问题，二是能弥补天然饵料的不足。可将尼龙纱网裁剪成2~3米长，略大于蛙沟宽，后沿蛙沟间隔一定的距离绷直架设在蛙沟上，或直接利用防逃网内留出的田埂面铺设料台，料台的规格及数量可根据田块大小、田块形状及蛙种密度进行合理调整布置。

四、防逃设施与进排水系统

蛙类善跳跃，且有白天躲藏于湿润的草丛和松散的泥土之中的习性，因此在利用尼龙纱网建造防逃隔离带的时候，须将尼龙纱网埋入田埂泥土中20厘米左右，并保证地上部分高度在1~1.2米，然后用竹竿、木棒、钢管等每隔1.5米固定。此外，可用塑料薄膜等质地光滑的材料覆盖在地上部分的防逃尼龙纱网上缘10~15厘米处，防止个别蛙攀爬逃跑。进排水口则按照“高进低出”的原则分别设置在田块的高、低两处，并用隔离网阻止外来有害生物及其他杂质进入田间。

五、驱鸟装置布置

蝌蚪及幼蛙天敌较多，蛇、鸟、黄鳝及老鼠等对幼蛙都将

造成不小的损失，因此在建设蛙的防逃设施的同时更应该做好蛙的天敌应对措施。在对鸟类等敌害生物的驱赶上可以通过安装对人类生活影响小的超声波驱鸟器，但鉴于超声波驱鸟器的工作原理，即利用一种超声波脉冲干扰刺激和破坏鸟类神经系统、生理系统，使其生理紊乱以达到驱鸟而不伤害鸟的目的，其驱鸟效果长久，但是见效慢。因此，在即将实施稻蛙综合种养的区域应提前一个月左右使用来达到驱鸟的效果，对于驱鸟器见效差的区域可通过布置天网、悬挂彩带、置放反光器等驱鸟装置。

第二节　作物种植与蛙的引种

一、水稻栽培管理

（一）晒田

根据水稻的长势、气候条件和土质肥料情况来确定，一般情况下是在水稻有效分蘖末期，即 6 月末至 7 月初排水晒田，晒田时间一般为 7 天左右。首先看土质和肥力，土壤肥沃、土质深厚、前期施肥较多的田块，秧苗生长过旺，有倒伏危险的稻田要早晒、重晒。

（二）施足基肥

在移栽前 10~15 天，结合土地耕翻，根据不同水稻品种一生对养分的需求，每亩施秸秆有机肥或腐熟有机肥 1 000千克左右，再每亩辅以水稻 BB 肥 15~25 千克作基肥。在稻田放养青蛙前，每亩追施碳酸氢铵 15~20 千克作分蘖肥。

（三）适时移栽

根据蛙苗产出期，确定水稻播种期。一般 4 月下旬播种，5 月中旬移栽，秧龄控制在 20 天左右，叶龄 3~4 叶。采用高速插秧机进行插秧，株行距控制在 12 厘米×30 厘米，每亩栽约 1.85 万穴，基本苗达 7 万~8 万株。

（四）合理灌溉

作垄时，田内灌水不能过深，正冲田和低台田的垄向应顺水流方向，以利排灌；挡风口田的垄向应垂直于风向，以防倒伏。水稻移栽至分蘖期浅水勤灌 2~3 厘米，达到穗数时适度搁田，孕穗期保持浅水层，抽穗扬花灌浆期干湿交替。通过合理的水浆管理，使稻、蛙生长两不误。

二、引种的意义

引种就是引进良种。所谓的良种，就是在一定地区和养殖条件下，在当地经 2 年以上正规养殖，养殖效果表现明显优于其他品种，同时也符合生产发展要求，具有较高经济价值的蛙类品种。蛙的良种一般都具有高产性、稳产性、优质性、抗逆性强和广适性几个明显的优点。

选择一个好的良种，对于蛙类养殖户来说，具有非常重要的意义。

一是良种能有效地提高养殖场的单位面积产量。使用生产潜力高的良种，可以增产 15%~20%。例如，经过选育的美国青蛙要比没经过选育的牛蛙增产 20%以上，这就是良种的优势。

二是能有效地改进蛙的品质。品质好的蛙，不但产肉率高、生长快，而且口感好，市场认可度高，对于提高经济效益是非

常有帮助的。

三是良种一般都是经过多次筛选的好品种。它们对常发的病虫害和不良环境都具有较强的抵抗能力或耐性，可以保持单位面积产量稳定和商品蛙的品质稳定。

四是良种具有较强的适应性。它能适应稻田、池塘、河沟、沼泽地、湖泊、水泥池、网箱、庭院等各种养殖水域，另外在蔬菜地里、果园下面、棉花地里等陆地上也能进行套养、混养。这对发展蛙类养殖业，提高蛙类的产量，拓展蛙类的养殖方式，提高养殖场的经济和社会效益，增加农民收益才是有意义的。

五是良种对健壮苗种有很大的促进作用。俗话说“虎父无弱子”，良种是壮苗的基础，壮苗是良种的一种外在、具体的表现形式。没有良种就不可能有壮苗，没有壮苗，也就无法提高单位面积产量和养殖效益。

三、蛙引种的阶段

经济蛙类的引种是分阶段的，不同阶段引进的苗种质量是有一定差别的，具体表现在养殖过程中的成活率，因此我们必须要了解蛙类引种的不同阶段及它们的特点和注意事项。

1. 种蛙

种蛙也就是我们通常所说的亲蛙，就是说蛙在引进回来后就可以直接产卵，或者经过简单的强化培育后，种蛙就可以抱对、交配、产卵了。引种时主要以引进种蛙的方式是比较好的。这是因为种蛙的个体比较大，健壮无伤有活力，而且种蛙的繁殖率高，只要管理得当，提高受精卵的孵化率，一只蛙就可以孵化出两万尾左右的幼蛙。因此引进种蛙是目前引种最常用的

方式，当然每只亲蛙的价格也是最高的。

2. 受精卵

受精卵也可以引进来进行养殖，但是这种引种的方式现在已经不多见了。主要原因有两个：一是运输不易；二是经过运输后的受精卵孵化率很低，而且死卵和畸形卵的比例较高。从理论上说将受精卵引回来是可以的，但在生产实践上用得不多。如果一定要引进受精卵时，要注意查看，要求卵的外表是很光滑的，每尾亲蛙产的卵都是通过黏液相互粘连在一起的，形成一个整体，如果发现受精卵破损严重或者分离严重，那就不要引进了。

3. 蝌蚪

蝌蚪是蛙类苗种引进的另一个主要方式。由于蝌料体小纤弱，喜欢游泳，爱集群及顶风逆流，食饵范围较狭窄，取食能力低，对环境改变的适应和抵御敌害的能力差，这一时期是蛙类整个生长阶段的最薄弱环节，往往会在这一时期出现大量死亡的现象，因此在引种时一定要注意。

为了有效地提高蝌料引进后的成活率，我们建议先将刚孵出的蝌料培养 20 天左右再引种，经过培育的蝌料已经具有了一定的生活、活动及防御敌害的能力，引种后的成活率将会大大提高。

要注意的是，正处于变态期的蝌蚪是不能运输的，因此，当大部分蝌蚪处于变态时期，就不要再引种了。

4. 幼蛙

蝌蚪经过变态后变成幼蛙，见下图。由于幼蛙的个体较大、

成活率较高，引种后的倍增系数也是最大的，因此，有许多养殖户在第 1 年喜欢购买幼蛙回来进行养殖，这种思路是对的。如果技术到位，幼蛙个体也较大，而且温度能得到保证，可以达到当年就能上市的效果。

图　蛙种

如果养殖场全部引进幼蛙，那么养殖成本会上升很多，这种投资一定要在养殖前考虑好。

第三节　蝌蚪在稻田里的饲养

一、蝌蚪的捕捞与运输

蝌蚪在引入前是需要运输的，即使是本场培育的蝌蚪，也需要通过捕捉和运输转移到不同的稻田里。

捕捞蝌蚪时，如果是大面积捕捞可用鱼苗网，少量捕捞就用窗纱。蝌蚪运输可用尼龙袋充氧运输，尼龙袋的规格一般为 90 厘米长，50 厘米宽。装运时先装 1/3 水，然后装进蝌蚪，并

立即充加氧气，扎紧袋口，外面再用同样的尼龙袋套一层，同样也要扎紧，最后将尼龙袋装进纸盒中，以防袋子受损破裂。装运的密度为每千克水可装载 3~5 厘米长的蝌蚪 100 尾。1 厘米左右的蝌蚪，运输成活率较低，另外，正处于变态期间的蝌蚪，因为生活习性的改变，不宜装运。

二、蝌蚪的放养

蝌蚪的放养可分两种情况，一种情况是 5 月繁育的，另一种情况是在 6 月 15 日以后繁育的。

第一批繁育的蝌蚪应进行强化培育，力争在越冬前全部变态成幼蛙，而且幼蛙的体重能达到 75~100 克。因此要以稀放为宜，主要是在稻田里的田间沟里饲养，每平方米可放养蝌蚪 800~ 1 000尾。10 天后，随着个体长大及摄食能力增强，密度应逐步降低，一般每平方米放养 300~400 尾。30 天后至变态前，每平方米放养 100~200 尾。

第二批繁育的蝌蚪经过正常培育，80%左右也能在当年越冬前变态成为幼蛙。但是它们在变态后，由于气温降低，几乎很少摄食，导致个体偏小、体质虚弱，越冬死亡率很高。因此在生产上通常是采用密度控制法来控制蝌蚪的生长与变态，不让它们在当年变态成幼蛙，而是让它们仍以蝌蚪的形式越冬，翌年春末夏初再变态为幼娃。因此，密度就需要大，也是主要在稻田的田间沟里放养，每平方米可放养蝌蚪 2 000~ 2 500尾，到翌年清明前后进行 1 次分养，每平方米放养 200~300 尾。

蝌料放养时要注意以下几点：一是蝌蚪放养前用 3%~4%的食盐水溶液浸浴 15~20 分钟，或 5~7 毫克/升的硫酸铜、硫酸

亚铁合剂（5∶2）浸浴5~10分钟；二是稻田的温度与运输容器的温度差不要超过3℃；三是蝌蚪质量要求规格整齐，无伤、无疾病，体质健壮，能逆水游动，离水后跳动有力；四是放养蝌蚪时的动作要轻，不要碰伤蝌蚪；五是在放养时，要将容器轻轻地斜放入稻田的浅水区，此时稻田的田面上要保持10厘米左右的水位，然后让蝌蚪自行游入稻田和田间沟中。

三、蝌蚪的投喂

孵化后的前6天，蝌蚪主要靠体内卵黄囊提供营养，6天后随着卵黄囊消失，开始摄食浮游生物和人工饵料。因此在蝌蚪培育前先施肥，培育浮游生物，来解决蝌蚪开口饵料，能提高蝌蚪成活率。每亩施粪肥300千克或绿肥400千克。有机肥须经发酵腐熟并由1%~2%生石灰消毒，培育前期，保持水深约50厘米。

蝌蚪的开口饵料可以用蛋黄，其他阶段可以投喂人工饵料，主要有田螺肉、鱼肉、动物内脏、水蚤、豆饼、米糠等。孵化出膜3天后，首天每万尾蝌蚪投喂一个熟蛋黄，第二天再稍增加些，7日龄后日投喂量为每万尾蝌蚪100克黄豆浆；15日龄后，逐步投喂豆渣、麸皮、鱼粉、鱼糜、配合饲料等，日投喂量每万尾蝌蚪为400~700克，其中，动物性饵料占70%；30日龄后至变态前，日投喂量每万尾蝌蚪为600~800克，其中，动物性饵料占45%。粉状饲料要煮熟后搓成团投喂，鱼肉、鱼肠等要切碎。投饵次数一般为每天1~2次，投饵时间为9—10时和16—17时，每次投喂后以3小时内吃完为宜。蝌蚪投喂也要在培育池中搭设饵料台，一般每4 000尾蝌蚪搭一个饵料台。将

饲料放在饵料台上，既减少饵料的散失，又能及时检查蝌蚪的吃食情况。

在投饵时还要注意：饵料必须新鲜、清洁、多样化，投饵应根据外界环境条件、蝌蚪生育期及健康状况而相应改变，有雷阵雨时要少投或不投饵；早晨蝌蚪浮头特别严重，甚至出现个别蝌蚪死亡现象时，要控制投饵。

四、蝌蚪的管理工作

1. 保持适宜的水温

蝌蚪要求的适宜水温是 26～30℃，变态适宜水温为 23～32℃。盛暑高温要搭设凉棚，适当加深水位，勤换新水。

2. 经常换注新水

培育过程中每 3～5 天换水 1 次，每次 10～15 厘米。换水时水温差不能超过 3℃。每天要定时清洗食台。

3. 提高变态率

蝌蚪经 80～110 天培育变成幼蛙，变态前这一阶段死亡率较高，因此要加强管理。在蝌蚪变态早期适量增加动物性饵料，促进变态，而当尾部吸收消失时，需及时减少投饵，并渐渐停止投喂，保持环境安静，努力提高变态期蝌蚪成活率。

4. 及时杀灭敌害

肉食性鱼类、蜻蜓幼虫、水蛇、龙虱幼虫等均会吞食幼蛙和蝌蚪，一旦发现，要及时杀灭。

5. 其他管理工作

定期巡池，做好记录，经常保持田水清洁卫生，做好蝌蚪

的病虫害防治工作，认真做好蝌蚪饵料的养殖与加工工作，及时处理蝌蚪严重浮头现象，及时做好分田疏密养殖工作，保持适宜的放养密度，做好蝌蚪越冬管理工作。

第四节　幼蛙在稻田里的饲养

蝌蚪经过变态后就变成了幼蛙。养好幼蛙能为商品蛙提供良好的苗种，因此必须重视幼蛙的饲养。

一、幼蛙的放养

幼蛙由于个体小，喜欢集群生活，因此放养密度宜高不宜低。在稻田里放养时，每平方米（按田间沟的面积计算）可放养变态后 30 日龄以内的幼蛙 200 只左右，放养变态后 30 日龄以上的幼蛙 100~150 只。

幼蛙放养时要注意以下几点：一是要用 3%~4%的食盐水溶液浸浴 15~20 分钟，或 5~7 毫克/升的硫酸铜、硫酸亚铁合剂（5∶2）浸浴 5~10 分钟；二是稻田的温度与分养前的池子里的温度差不要超过 3℃；三是幼蛙的质量要求规格整齐、体质健壮、体表无伤痕、无疾病、无畸形、身体富有光泽，用手捉它时，挣扎有力，放在地上后跳动有力；四是放养幼蛙时的动作要轻，不要碰伤幼蛙；五是在放养时，要将容器轻轻地斜放入稻田的田面上，让幼蛙自行跳入田间沟中。

二、幼蛙的饲料

幼蛙饲料有直接饲料和间接饲料两大类。直接饲料就是直

接给蛙吞食的各种活体饲料，主要有摇蚊幼虫、黄粉虫、蝇蛆、蚯蚓、水蚯蚓、蜗牛、飞蛾、小鱼、小虾等；间接饲料就是各种死饲料，主要有蚕蛹、猪肺、猪肝、鸡鸭内脏、碎肉、死鱼块等，它们通常被做成颗粒饲料供幼蛙摄食。人工配合的颗粒饲料也是死饲料，也是间接饲料的一种。

三、死饵的驯食

幼蛙自变态之后，在自然界就是以各种活饵料为食，不吃死饵。小规模养殖经济蛙类时，只要条件适合，基本上是能满足幼蛙的活饵需求的，也能省下一大笔饵料钱。但是进行人工大规模稻田养殖时，自己培育或捕捉的活虫等天然饲料无法解决所有蛙的饲料问题，这时就需人工解决这个问题。解决的最有效方法就是让蛙吃人工配合饲料等死饵，但是幼蛙自己是不会主动吃这些死饵的，怎么办呢？这就涉及死饵的驯食问题。只要驯食成功了，幼蛙的饲养密度就可以增加，单位体积的养殖效益也能大大增加；更重要的是，从刚变态的幼蛙就开始驯食，以后成蛙的养殖、亲蛙的养殖就都很方便了。因此，在蛙类的养殖过程中，从幼蛙就要开始驯食，这是一个非常关键的技术措施。

幼蛙的驯食首先需要一个固定的场所，这个场所就是蛙的饵料台，可以利用当地的资源，自己制作。至于幼蛙的驯食技巧，主要有拌虫、活鱼、抛投食物、滴水和震动等多种驯食方式。

四、幼蛙的投喂

幼蛙的投喂要坚持几个原则。

一是必须进行科学的驯食，让幼蛙养成吃死饵的好习惯。

二是驯食时的活饵要鲜活，不能腐烂；饲料的配方要科学，各种营养要丰富，也不能有霉变现象。

三是幼蛙的食欲十分旺盛，应采取少量多次的投喂原则，让它们吃好、吃饱。

四是投饲时要坚持“四定”投饲技术。

五是当幼蛙移养到一个新的稻田环境时，由于它们一时对稻田环境不适应，会躲在秧苗处或蛙巢内，很少出来活动，有时也不取食。一旦遇到这种情况，就要立即采取果断措施促进幼蛙的捕食，可从两个方面入手：①增加活饲料的投喂量，刺激幼蛙的捕食欲望，待其正常摄食后，再进行专门的驯食；②将不吃食的幼蛙捉住，用木片或竹片强行撬开它的口，将蚯蚓、黄粉虫等填塞进口，促进开食。

五、幼蛙的管理

1. 防止高温

蛙是变温动物，自身对温度的调节能力非常弱，加上幼蛙的体质比成蛙更脆弱，因此幼蛙特别惧怕日晒和高温干燥。适宜幼蛙生长的温度为23～28℃，当幼蛙在温度长期高于30℃或短时间处于35℃的高温干燥的空气中暴晒0.5小时，就会出现严重的不适反应，如食欲减退，会导致生长停止，甚至会被热死。

幼蛙在高温环境下热死的原因主要有两点，一是高热反应，导致幼蛙体内的新陈代谢严重失衡，造成死亡；二是高温的环境一般湿度都较低，这时幼蛙会因严重脱水而死亡。因此，在夏季的一个主要管理工作就是要防止高温，采取适当措施来降

低温度，使池内水温控制在30℃以下，保证蛙的正常生活和生长。这些措施包括以下几点。

一是及时更换部分田水，可以每5天左右更换1次田水，更换量为1/3左右，要注意的是新水与原来水的温差不要超过3℃。

二是创造条件，使稻田里的水保持缓慢流动的状态。

三是在田间沟靠近田埂的一侧搭设遮阴棚，可以用芦苇席、木架、竹帘子等作为搭建材料。遮阴棚的面积宜大一点，要比饵料台大2~3倍、高1米以上，防止幼蛙借助遮阴棚攀爬逃跑。这种方式既能有效地降低田间沟的水温，又能通风通气，效果是比较理想的。

四是种植经济农作物，可以在田间沟靠近田埂的一侧种植一些经济作物，这些经济作物最好具有较强的攀缘性能，如葡萄、丝瓜、豇豆、南瓜、扁豆等长藤植物或玉米、向日葵等高秆植物。这种做法既能为幼蛙遮阴，又能收获经济作物，是一种典型的动植物相结合的种养方式。

五是对稻田而言，如果高温时秧苗很小，可以采取以上几种方法。如果秧苗很壮、很大了，可以在喂饵时将部分饵料投在秧苗里，让蛙自己钻到秧苗里捕食，也能达到使其躲避高温的目的。

2. 保持养殖环境的清洁

保持养殖环境的清洁，是预防蛙类疾病的重要措施之一，通常要做好以下工作。

一是及时清除残饵。在稻田里养蛙，虽然有稻田里的活饵料供应，可以不投喂饵料，但不投饵料，蛙的产量就非常低，养殖效益也差。因此为了确保稻田养殖的效益，还是建议做好投喂工作。在人工投喂的稻田养殖条件下，蛙的吃食量大，养

殖管理人员投喂给它们的饵料多，没吃完的残存饵料也多，因此要经常清扫饵料台上的剩余残饵，同时洗刷饵料台。

二是及时消毒饵料台。在晴天，可将洗刷干净的饵料台拿到田埂上，让饵料台接受阳光暴晒 3 小时后，再放回田间沟内；在重新安放时，有一个小技巧，最好是每次将饵料台的位置向一侧移动 2 米。如果在清洁饵料台时遇到连续阴雨天，那么就可以将洗刷干净的饵料台放在石灰水中浸泡 1 小时，再捞起用洁净的清水冲洗 2 次，晾干后放回田间沟内；安放饵料台的技巧同上文，这样就可以彻底杀灭黏附在饵料台上的病原体。

三是保持田间沟里的水质清洁。每天多巡田几次，发现稻田内有病蛙、死蛙及其他腐烂物质时，一定要及时捞出，病蛙要及时对症治疗，死蛙要在查明病情后及时掩埋。另外，一旦发现幼蛙所在田间沟里的水或稻田的水发臭变黑，则应立即灌注新水，换掉黑水臭水，保持田水的清洁。

3. 及时分养

分养就是按蛙体大小适时分级、分田饲养。在人工高密度饲养下，幼蛙的生长往往不一。由于蛙的密度大，幼蛙饲养一个阶段后，因为饵料投喂不匀及个体间体质强弱的差异，会出现个体大小不一的现象，有时这种差异很悬殊。例如，同期孵出、同期变态的幼蛙，经 2 个月饲养，大的个体可达 120 克左右，小的个体还不到 25 克。由于一些蛙有“大吃小”的恶习，所以要及时按大小进行分田饲养，以提高蛙的成活率。

另外，对蛙进行及时分养，经常将生长快的大蛙拣出，有利于蛙的摄食和生长，促进同一块稻田里饲养的幼蛙生长同步、大小匀称，也能避免弱肉强食、大蛙吞吃小蛙现象的发生。

分养时，养殖的数量与蛙的规格是有密切关系的。例如，一块稻田若蛙的规格为 25~50 克，在田间沟里每平方米放养 60~80 只；当规格达到 100 克时，这时就可以适时分养了，将密度调整为每平方米为 30~40 只；当规格达到 150 克时，可以再一次进行分养，每平方米调整到 20~30 只。

4. 防害除害

老鼠、蛇、鸟、鼬鼠和一些野杂鱼等都是蛙类的天敌，对幼蛙的为害是非常严重的，要经常观察有无蛇、鼠等敌害，一经发现要及时捕杀。可以用鼠药灭鼠，人工捉蛇、驱赶蛇，稻草人吓鸟等常用的有效方法来防害、除害。

5. 检查防逃设施

蛙善于爬跳，所以要经常检查防逃设施，有破损的要及时修补。

第五节　成蛙在稻田里的饲养

成蛙的养殖又叫商品蛙的养殖，是指幼蛙经过一段时间的培育，当个体长到 50~100 克，就可进入成蛙养殖阶段。

一、营造成蛙生长的环境

一是为成蛙提供干旱不干涸、洪水不泛滥的稻田，以潮湿、温暖背阳的地方较好，如果田间沟里有少量的挺水植物那就更好了。

二是养殖成蛙的田间沟的水深要适宜，浅水区和深水区都要有。一般来说，浅水区就是稻田里栽秧的田面，它们是蛙的栖息、隐蔽及遮阴的场所，平时保持水深 10 厘米左右。深水区

就是田间沟，养殖成蛙的田间沟要稍微深一点，比养殖幼蛙的田间沟深 20 厘米左右为宜。深水区是蛙游泳和接纳排泄污物的区域，也是设置饵料台供蛙摄食的地方。平时深水区水深 50~70 厘米，在冬季和盛夏时要保持在 1~1.2 米。

三是做好遮阴降温工作。稻田里除了秧苗可以为蛙提供遮阴外，还可以在田间沟中种植莲藕及其他叶大、叶多的挺水植物，也可种植水花生、睡莲等，在田间沟靠近田埂的一侧可种花草、蔬菜、葡萄、丝瓜、果树等，促使蛙快速生长，充分发挥生态养殖、立体养殖的效益。

四是做好防逃工作。由于成蛙的活动能力和跳跃能力更强，应特别注意防逃设施的维修工作。另外，夏季暴风雨多，蛙受惊后会爬越障碍或掘洞逃跑，因此在这种天气要特别注意做好防逃工作。在稻田的周围要用芦帘、竹篱笆、铁丝网、尼龙网或砖墙等做成围栏，围栏要入土 15~20 厘米，高 1.8 米以上，防止成蛙外逃。

二、科学投饵与补充活饵

成蛙的个体大、摄食量多，要保证供应充足的优质适口饵料，控制适宜的环境温度，其体重增长是比较快的，每月个体增重 30~50 克。

随着温度的升高，蛙的食量增大，投饵量也应逐渐增加。投饵时更要注意“四定”技术，以避免发生弱肉强食的现象。此时的投饵量一般应达到蛙总体重的 20%左右。

除了上规模的养殖场有特制的蛙饲料外，还可采取一些措施来补充活饵料。

1. 灯光诱虫

用30瓦的紫外灯或40瓦的黑光灯效果较好。天黑即开灯，可看到蛙群集于灯下，跳跃吞食昆虫的热闹情景。

2. 补充小鱼虾

一是平时向田间沟里定期投入一些鲜活的小鱼虾，让蛙自行捕食，以补充饵料不足；二是采用木竹制成的槽状饵料盘，其底钉上尼龙纱布，盘中水与田水相接，固定在田间沟的阴凉处，放入活的小鱼虾。

3. 补充昆虫

人工捕捉蝗虫、蝼蛄等昆虫放入稻田的田面上，让蛙自然摄食。

三、管理工作

一是控制温度和湿度。最适宜的水温为23～30℃，要做好遮阴、防高温、防烈日照射。

二是控制水质。坚持换水，成蛙摄食多，排泄的废物也多，要经常换水保持水质不被污染。一般在炎热的夏季，有条件的话，要定期为稻田换水，每次换水量约为1/6。也可以用小型潜水泵把田间沟里的水抽到田面上，让水流经过秧苗的吸收后再进入田间沟内，当然了，如果能让稻田形成微流水状态，那就更好了。

三是及时分养。成蛙的养殖密度一般为每平方米50～20只(以田间沟的面积计算)，密度大小随成蛙体型大小及养殖管理水平、水温、水质等因素而酌情调整。

四是做好敌害的防范工作。蛇、鼠、猫等都是蛙的天敌，这

些天敌夏季活动特别猖獗，必须建立巡视制度并采取清除措施。

四、蛙疾病

（一）红腿病

该病由病毒引起。病蛙腹部及腿部肌肉呈现点状充血，肌肉呈红色，蛙体瘫软无力，活动迟钝、拒食，几天后死亡。

防治方法：

一是将病蛙捞起，放在10%~15%的盐水中浸泡15分钟，2天后可治愈；二是把蛙移入另一池中，再用万分之一的硫酸铜溶液全池喷洒。

（二）肿腿病

该病因腿部受伤后被细菌感染而引起。病蛙腿部水肿呈瘤状，影响摄食，致使蛙营养不良而死亡。

防治方法：

把病蛙腿部放入30毫克/升的高锰酸钾溶液中浸泡15分钟；同时喂服四环素，1天2次，每次半片，连服3天即愈。

（三）胃肠炎

该病主要是蛙摄食了腐败变质的饲料而引起。病蛙瘫软，拒食，捕捉时，缩头弓背，腿伸眼闭，剖开腹部可见胃肠有充血发炎现象。

防治方法：

每天清除残饵，池水每隔2天换1次；病蛙每天可喂服胃散片或酵母片2次，每次半片，3天后可见效。

（四）水霉病

蛙体受损伤的伤口受棉花状水霉菌感染而引起水霉病。受

感染的部位发霉。

防治方法：

可用1%的紫药水涂擦。

（五）气泡病

该病由不洁池水有机质大量发酵所产生的气泡被蛙吞食而致。病蛙腹部膨大如气球，不能游泳，腹部朝上，漂浮于水面上，最后死亡。

防治方法：

池水每隔3天换1次，同时洗刷地中沉淀的残料；把病蛙移入装有深20厘米左右的水的池或胶水桶中，让其腹部的气体慢慢排掉。

（六）脱皮病

该病因缺乏多种维生素及微量元素而引起。病蛙背部局部或大部脱皮充血。

防治方法：

在饲料中适当加些维生素及微量元素。

第七章　稻—虾（小龙虾）生态种养模式及技术

第一节　稻田设施改造

一、整塘、清塘

稻田养殖小龙虾的池塘，见下图，在稻田之中需要开挖虾沟。虾沟分为环沟和田间沟，主要是在稻田的四周挖沟，如果稻田面积比较大，也可在田间挖“田”字沟或“井”字沟。虾沟开挖面积占稻田的10%~20%，一般沟宽3~8米，根据稻田养殖面积决定。沟深1~1.5米，中间留10~20厘米高的田埂，以便蓄秧田的水。

当前的稻田养殖小龙虾，一般是选择在10月稻谷收割以后，到翌年的6月，稻谷开始种植，一年种一季稻，10月到翌年的6月养殖小龙虾。因此，在10月稻谷收割以后，要进行清塘。

稻谷收割以后，将残留的稻秆和枯叶收拾干净，以防来年因为稻秆枯叶腐败造成水质发红发黑，影响水质和小龙虾苗种成活率。

图　稻田养殖小龙虾

排干虾沟内的水，翻耕池底，暴晒池底，使池塘晒成龟裂状，杀死底部的病原微生物、寄生虫虫卵和敌害生物等。

晒塘至10月底，开始进水，进水10厘米左右，用生石灰或漂白粉清塘。

二、进水

从10月底到11月初进水，进水采用多次进水的方式。由于稻田内存有大量的稻秸秆，稻秆水泡过一段时间后，会使水质发红发黑，因此，在正常进水养殖前，进、排水2~3次，每次进水后，把稻秆泡5~7天，水质发红发黑较重后，排出，再进水，浸泡稻秆，水发红发黑后，再排出。进行2~3次进排水后，进行正常的进水工作。第一次进水，把水进到环沟内，把水深加到40~50厘米时，停止加水，此时开始在沟内种植伊乐藻。伊乐藻种植成功后，随着伊乐藻的不断生长，逐渐加高水位，水位升高后，在沟坡上种植伊乐藻，水位随着伊乐藻的不断长高而升高，直到水位升高到中间的池底水深有10~20厘米。此

时，停止加水，在池塘中间的平滩上种植伊乐藻。种完后，观察伊乐藻的生长情况，当伊乐藻开始快速生长时，逐渐加高水位，使伊乐藻始终处于水面下生长，切不可让伊乐藻长出水面。平滩上水深达到30~40厘米时，停止加水。加水在12月底至翌年1月完成。如果池塘内已经有种虾的，观察虾苗出洞情况，如果虾苗出洞不理想，可通过快速排水，露出虾洞，然后，快速加水至预定水位的方式，刺激虾苗出洞。进水时，在进水管口，用两层80目网拦截野杂鱼和鱼卵、敌害生物，防止进入池塘。

第二节　作物种植与虾种放养

一、水稻栽培技术

（一）晒田

稻谷晒田宜轻烤，不能完全将田水排干。水位降低到田面露出即可，而且时间要短，发现龙虾有异常反应时，则要立即注水。

（二）稻田施肥

稻田基肥要足，应以施腐熟的有机肥为主，在插秧前一次施入耕作层内，达到肥力持久长效的目的。追肥一般每月一次，尿素5千克/亩，复合肥10千克/亩，或用人、畜粪堆制的有机肥，对龙虾无不良影响。禁用对龙虾有害的化肥如氨水和碳酸氢铵。施追肥时最好先排浅田水，然后施肥，使化肥迅速沉积于底层泥中，并为田泥和水稻吸收，随即加深田水至正常深度。

（三）精细整地，及时播种育秧

秧田的播种时间为5月25日左右。将苗床整细整平，每亩秧田播种10千克种子（大田每亩用种量0.75~1千克），秧田每亩用30千克撒可富复合肥做底肥。6月2日进行苗床除草，6月10号左右视苗情每亩施5千克尿素进行提苗复壮。在3叶1心期注意喷施多效唑，促进分蘖并控制秧苗高度。

（四）控制秧龄，及时移栽

一般秧龄控制在30天左右，在6月25日时开始移栽大田。机插或人栽，株行距4厘米×6厘米，确保大田基本苗13万株以上。

（五）水稻成熟后，及时捕收

到10月上旬水稻成熟后开始排水并及时收割，一般每亩平均产量可达500千克左右。同时，采取“捕大留小”的方法，将大规格龙虾及时上市，一般亩产量可达70千克；留下小规格龙虾做种苗，在围沟中继续生活越冬后，确保种苗安全进入洞穴越冬。

二、苗种投放

小龙虾稻田养殖提倡“夏秋投种，春季补苗，捕大留小，轮捕轮放”，投放苗种主要包括夏秋投放种虾和春季投放虾苗两种方式。

1. 秋季投放种虾

第一年养殖小龙虾的稻田，田里没有种虾，尽早收稻、整塘，把虾沟挖出来后，就可以放种虾，最好是能够在10月之前投放，如果过了10月投放，由于气温和水温较低，小龙虾打洞消耗体力过大而补充不足，容易造成种虾死亡率较高。种虾一般选择体重25克以上，每亩投放10~20千克，雌雄比例（2~3）：1。最好是

能够多次投放完成，并从不同地区采购亲虾，防止从同一池塘一次性采足亲虾，导致近亲繁殖，影响翌年苗种质量和养殖成活率。养殖过小龙虾的稻田，田内有种虾，一般小龙虾已经在田里打洞，在7—9月，也要从其他地区采购种虾，放入池塘，每亩投放2.5~5千克，防止近亲繁殖，提高翌年的苗种质量。根据翌年的出苗量，决定卖苗或者补苗。

2. 春季投放虾苗

如果没有来得及在秋季投放种虾，可在春季2—3月投放5克左右幼虾，20~30千克/亩。投放幼虾初期水深保持在30~40厘米，后期随水温较高，逐渐加高水位至1米。虾苗投放不需要一次性投足，采用“轮捕轮放”的方式养殖，首次投放幼虾密度小，生长快，之后再多次补苗，并把达到商品规格的小龙虾捕捞上市，能够达到良好的养殖效果。

小龙虾放养应选择在晴天的早上或傍晚。放养时，选择池塘浅水区多点分散放养。小龙虾苗种投放水质指标要求：水温≥10℃，pH值在7.5~8.5，亚硝酸盐≤0.05毫克/升，氨氮≤0.3毫克/升，溶解氧≥4毫克/升，余氯≤0.01毫克/升。小龙虾放养后，应在其适应水质环境后，尽早开食，必须要有充足的营养，以促进其尽快适应环境。

三、种植伊乐藻

1. 伊乐藻的作用

稻田养殖小龙虾，种植伊乐藻是小龙虾养殖成功的关键。伊乐藻适合低温生长，特别适合稻田养殖小龙虾的养殖季节种植和生长。伊乐藻不仅能为小龙虾提供不可缺少的植物性饵料，

也是小龙虾栖息、吃食、脱壳、躲避敌害的重要场所。同时，水草还有调节水质、保持水质清新、改善水体溶氧的重要作用。

由于稻田养殖小龙虾在10月到翌年的6月，因此种植伊乐藻就成为最佳的水草选择。养殖过程中，要特别注意伊乐藻的种植和养护，确保伊乐藻在养殖过程中能够保持鲜活，这是小龙虾稻田养殖成功的关键。

2. 伊乐藻的选择

伊乐藻发芽早，长势快，5℃以上即可生长。在11月进水后就可以种植。伊乐藻植株鲜嫩，叶片柔软，适口性好，营养价值高，是小龙虾的优质饲料，早春秋末生长最为旺盛。伊乐藻的缺点是不耐高温，当水温达到30℃时，基本停止生长，水草容易漂浮起来，并发生腐烂。而稻田养殖小龙虾，伊乐藻在1—6月能够生长良好，高温期间，是稻谷种植和生长期间，因此，稻田养殖小龙虾，只选择伊乐藻作为水草种植，是比较符合养殖需要的。由于伊乐藻在1—6月生长较快，种植时尽量适度稀种，保持株距和行距3~4米，种三行后，隔8~10米再种三行。如果发现伊乐藻生长过快、密度较大时，开始割头修整。

3. 水花生的选择

水花生一般选择在前期伊乐藻还没有开始或中后期，伊乐藻生长不好，水里没有足够水草以供小龙虾进行生长、摄食、躲避等活动时。水花生在池塘是浮于水面，嫩根须小龙虾喜食，也便于小龙虾在蜕壳时躲避敌害。水花生在种苗放养前后移植，用竹桩、木桩或三脚架固定，分片种植，不能任其漂流和生长。

第三节　日常管理

一、饵料投喂

（一）定点

小龙虾投喂要先驯化，定点投喂，形成规律。好处是饵料集中投放一定的区域，既便于观察小龙虾取食情况，了解生长状况，有利于病害的发现和防治，又便于投喂区域的剩余残渣的处理和投喂区域的消毒灭菌。

（二）定质

小龙虾饵料的选择，首先要保证新鲜程度。饵料越新鲜，营养越丰富。特别不能选择发霉变质的饵料，如发霉的麸皮、饼粉，已经发臭腐烂的动物性饵料，避免导致小龙虾致病和中毒。小龙虾是杂食性动物，为了追求产量和经济效益，小龙虾饵料要以动物性蛋白质饵料为主，以植物性饵料为辅，动物性和植物性饵料混合配搭为宜。

（三）定时

小龙虾投喂要固定时间。时间一到，小龙虾有规律地到投喂区域取食。一般 8—9 时为宜，16—17 时为好。阴雨天，少喂或者不喂，夏季高温段，小龙虾食量下降，可以少喂。

（四）定量

小龙虾投喂饵料数量有两个依据，一是按照投放虾苗总重量的 4%～7%。在刚放养时可以按虾苗重的 4%或 5%投喂，中

期按5%或6%投喂，后期可按6%或7%投喂。二是依据近周食量为参考投喂。投喂时晴天按正常量投喂，阴天可酌情减少，雨天可少喂或不喂。

二、科学肥水

稻田养殖小龙虾，肥水培藻是非常关键的。由于稻秆的存在，虽然通过2~3次的进排水，水质发红发黑不是很厉害，毒素也已经被排掉大部分，但是不可能完全处理干净，进水后水质还是会发红发黑。因此，从进水开始，就应快速肥水培藻。藻类培养起来后，水色开始发绿，红黑水的现象就会得到解决。因为小龙虾塘的进水和种草有一定要求，所以肥水培藻也应该按照科学的程序进行。

11月，开始向池塘环沟内进水，外源水要经过检测，不含有毒有害物质，并且含有少量的硅藻、绿藻的水是理想的养殖用水。首先向环沟内进30~40厘米的新鲜含藻水。

水进好后，放置1~2天，然后使用水体解毒剂，降解未知的各种毒害物质，如稻梗中的药物残留、重金属等，并且可以疏通活化底泥，消除养殖隐患。

定点堆肥：在进水前，可在稻田四周或角落里、虾沟的缓坡上，定点堆积一些发酵有机肥，如发酵鸡粪、菜籽饼等。进水后浸泡堆肥，有机发酵的堆肥会源源不断地释放营养物质，有助于稳定水体营养的均衡和水质的稳定。

施足基肥：环沟进水，种植完伊乐藻后，就要使用基肥快速肥水。基肥的使用原则是一次性施足，提供足够的水体营养，快速培育藻类。因为这个时期气温和水温较低，藻类的繁殖和

生长会很慢，为了能够培育出藻类，调节出水色，降低透明度，防止青苔滋生，基肥一般选择氨基酸类肥料，同时配合使用一些芽孢菌、EM 菌之类的有益微生物制剂，甚至可以配合一些尿素、磷肥之类的无机肥一起使用。

基肥培育出藻类后，随着水草生长，水位的不断加高，少量多次的追肥，保持水体内藻类的稳定，并能够在 12 月至翌年 1 月培育出轮虫、枝角类等浮游动物，并维持浮游动物的生物量稳定，为培育小龙虾幼体提供充足的天然饵料。

在使用基肥和追肥的过程中，搭配使用芽孢菌、EM 菌等有益微生物。有益微生物能够分解水体内的氨基酸肥料和多种有机物质，使其转化为藻类能够利用小分子营养物质；或者有益微生物可附着在颗粒有机物质上，形成生物菌团，能够成为浮游动物的优质饵料。因此，在肥水过程中，或者在日常管理过程中，应勤使用有益菌，优化养殖环境。

三、勤巡田检查

坚持每天早晨或傍晚巡回检查 1 次，观测稻田水质变化，了解龙虾吃食活动状况，搞好饵料投喂量的调整；清理养殖环境，发现异常及时采取对策。

四、小龙虾捕捞

每年的 7、8 月是捕捞小龙虾的最好季节，由于小龙虾喜欢生长在杂草丛中，加上龙虾池底不可能平坦。龙虾又具有打洞的习性。为了让消费者吃到更多新鲜、健康的龙虾，因此，根据龙虾的生物学特性，特将如何科学捕捞龙虾介绍如下。

（一）地笼捕捞法

利用淡水小龙虾贪食的习性，在捕捞前适当停食1~2天。根据需求选择适当网目的地笼网，捕捞时在地笼或虾笼中适当加入腥味重的鱼、鸡肠等，引诱小龙虾进入地笼。当地笼或虾笼下好后，可适当进行微流水刺激，保持一定的水流，增加小龙虾活动量，促使其扩大活动范围，可起到提高捕捞量的效果。笼梢应高出水面，便于进笼的小龙虾透气。地笼网下好后，要经常观察地笼网中的小龙虾数量，较多时，要及时收捕，否则会造成小龙虾窒息死亡。不需要每天重复收起、放下，每天只要根据小龙虾的数量多少从笼梢中取出龙虾即可。地笼网使用7~10天后必须进行彻底冲洗、暴晒。

（二）竹笼捕捞法

竹笼是竹编织成的虾笼，成“丁”字形筒状笼子。龙虾只能进不能出，捕捞时在竹笼中放入诱食引诱龙虾进笼，通常是傍晚放置早晨收起。

（三）急流聚捕

利用龙虾喜逆水爬行的习性，采用急速水流排放池水，带动池中的成虾感应而顺流行动，迅速流淌聚集于一处，淌入池外收捕水坑中的网箱或网袋内，而后收虾。此法适于池中大部分虾达到上市规格而且大批上市的情况。

（四）手抄网捕捞

将虾网上方扎成四方形，下面留有呈倒锥状的漏斗，沿虾塘边缘地带或水草丛生处，不断用木杆驱赶，使小龙虾进入抄网中，提起网小龙虾即可留在网中。这种捕捞法适用于水浅且小龙虾密

集的地方，特别是在水草比较茂盛的地方捕捞效果较好。

第四节 水质管理

水质的好坏直接关系小龙虾能否健康生长，甚至养殖成败。因此，观察养殖水体，明辨优劣水色，对水质的管理在养殖生产中显得尤为重要。为了方便广大养殖户明辨优劣水色，特列举一些常见的优良水色和有害水色，供大家学习和参考。

一、衡量水色的标准

优良的养殖水质要求“肥、活、嫩、爽”。肥：浮游生物多且可供鱼虾消化的种类数量多，有一定的透明度（25～40 厘米）。活：水色和透明度随光照和时间不同而有变化（早上清淡一些，下午较浓一些），藻类种群处于不断被利用和不断增长中，池塘中物质循环处于良好状态，浮游动植物平衡。嫩：藻类生长旺盛，水色鲜嫩呈现亮泽，不发暗。爽：水中悬浮物或溶解的有机物较少，水质清爽不发黏，水面无油膜，浑浊度小。

二、优良水色的判断

优良水色表明水质优良，水体内有益藻类占优势，它具有以下优点：可增加水中溶氧，并稳定水体内的溶氧量；可稳定水质，降低水中有毒有害物质的含量；可提供优良的天然饵料；可提供适宜的水体透明度，即可抑制青苔、丝状藻的滋生，又利于小龙虾防御敌害，提供一个良好的生长环境；可调节稳定水温；可抑制有害菌的滋生。

良好的水色标志着藻相、菌相和浮游动物三者的动态平衡。有益藻类主要有硅藻、绿藻、隐藻等。

优良水色主要有茶褐色水、淡绿色水、黄绿色水和浓绿色（浓而不浊）水。茶褐色水体，藻相以硅藻为主；淡绿色水体，藻相以绿藻为主；黄绿色水体以绿藻和硅藻共生为优势种群的水体；浓绿色或者说黑绿色水体，藻相一般以绿藻为主，有时也有隐藻为主，或者二者共生为优势种。以这几种藻为藻相优势种群的水体，是属于藻相优良的水体。

三、优良水色的培养方法

施足基肥，正确追肥，正确使用微生物制剂，稳定藻相，持久稳定水色。定期追肥和使用微生物制剂，调节水质，保证藻相优良，并稳定藻相、菌相和浮游动物平衡。注意底质的定期养护，为优良水色的稳定打好基础。

四、有害水色的判断

有害水色是指有害藻类占优势的水，有害藻类主要有蓝藻、裸藻、甲藻等。

第五节 补钙固壳

一、钙的作用

钙是植物细胞壁的重要组成部分，缺钙会限制藻类的繁殖。放苗前肥水，如水中缺钙，藻类会很难生长繁殖，导致肥水困

难或池水容易落清，因此肥水前和肥水后都要对池水进行“补钙”。养殖生产用水要求有一定的总碱度和总硬度，因此水质和底质的养护需要补钙。

钙是动物骨骼、甲壳、鳞片的重要组成部分，对蛋白质的合成与代谢、碳水化合物的转化、细胞的通透性、染色体的结构与功能等均有重要影响。小龙虾的生长要通过不断地蜕壳和硬壳来完成，因此需要从水体和饲料中吸收大量的钙来满足生长需要。集约化的养殖方式常使水体中矿物质盐的含量严重不足，而钙、磷、镁等矿物质吸收不足又会导致虾的甲壳不能正常硬化，形成软壳病或者脱壳不遂，生长速度减慢，严重影响小龙虾的正常生长。

养殖高密度、水质高污染、钙元素匮乏，小龙虾蜕壳不遂、硬壳难的症状日益严重。而蜕壳不遂、硬壳慢的小龙虾极易感染病原菌，导致病害的发生。因此，补钙固壳可以增强小龙虾的抗病和抗应激能力。

小龙虾蜕壳需要消耗大量溶氧和体力，还大量需求高活性、易吸收的钙、镁、磷等促进硬壳，补充溶氧、钙、磷、能量非常必要。

在养殖过程中注意补钙、固壳，收获时小龙虾活力好、大小均匀、色泽光亮，可提高小龙虾的品质。

二、甲壳异常分析

水质恶化，表现在旧壳仅脱出一半或脱出旧壳后身体反而缩小。长期饵料不足，或者营养不全面，含钙低或原料质量低劣或变质等，导致小龙虾营养和能量都没有做好准备。放养密

度过大，相互干扰会延长脱壳时间，出现脱壳不遂和脱壳后大重自相残杀。水温矢变，低温阻碍脱壳，高温也会延迟脱壳。光照太强或水的透明度太大，水清到底，影响脱壳。池水 pH 值高和有机质的含量下降，水中和饲料钙磷含量偏低，缺少钙源，甲壳钙化不足脱壳更难。纤毛虫等寄生虫寄生，导致小龙虾体质下降。

第六节　防、抗应激

大多数小龙虾病害都是因为应激导致小龙虾活力减弱、病原入侵体内而引发的，所以在预防应激和抗应激的养殖实践中，发现水质底质恶化、受惊吓、天气变化、气候异常、倒藻等是导致小龙虾产生应激的重要原因。

尤其需要警惕的是倒藻转水。藻类应激死亡、水环境发生变化，小龙虾马上产生应激，开始出现大量上岸、上草现象。藻相的应激反应主要是受气候、用药、环境变化（如温差、低气压、阴雨天、风向变化、泼洒刺激性较强的药物、水质恶化、底质腐败等因素）的影响而发生。

针对小龙虾应激方面的防控措施，应该从尽量减少应激因素和提高小龙虾的抗应激能力两方面入手：一是调整养殖池塘的水体和底质环境，保持水质和水草的肥、活、嫩、爽，尽量减少水体倒藻，或环境剧变引起的水体理化指标的剧烈变化，防止应激因素的产生。二是在日常养殖过程中，注意投喂优质饲料和多种饵料配合投喂，并定期预防消化系统疾病，调整小龙虾的功能器官功能，提高小龙虾的免疫力和自身体质，同时

也就提高了小龙虾的抗应激能力。

第七节　体质养护

小龙虾养殖过程中，水质变化，底质变化，藻相和菌相的变化，水草异常生长，水体内理化指标的变化，饵料的投喂，药品的使用等因子，都在影响着小龙虾的生长，特别是对小龙虾的功能器官的影响。因此，在日常养殖工作中，注意对小龙虾的肠道、肝脏、鳃等组织器官进行养护，可显著提高小龙虾的免疫力，保证小龙虾的健康和生长。

小龙虾养殖过程中，肠炎是较常见的一种疾病，饲料霉变、肠道菌群失调等都会导致肠炎的发生。因此，定期对肠道和肠道菌群进行养护，防止肠道疾病的发生，可以保证小龙虾的摄食、消化和吸收，促进小龙虾的生长。

肝脏是小龙虾的重要解毒器官，大量的毒素会蓄积在肝脏内。小龙虾病害的发生，肝脏都会产生病变。因此，定期对肝脏进行养护，可显著提高小龙虾的抗病力和生长速度。

鳃是小龙虾的呼吸器官，直接与池水接触，最容易受到病菌和寄生虫的袭击，同时，水质的变化直接影响鳃丝的健康。因此，对小龙虾的鳃丝进行养护也非常重要。

对虾功能器官的养护，主要包括以下措施：养护好水质和底质，保证养殖环境的优良；保证充足的水体溶氧；水草的各时期养护和修整至关重要；注意定期解毒和补钙固壳；日常注意防、抗应激工作；投喂优质饲料，保证饲料不发生霉变等。

第八节　小龙虾病害防治

一、烂壳病

发病特性：烂壳病主要是有细菌感染引起的，小龙虾发病后会出现溃烂的有颜色斑点，斑点轻轻按压会有凹陷的感觉，后期斑点出现一个洞，导致小龙虾受到感染直至死亡。

防治方法：在购种运输的时候要注意小心操作，防止龙虾出现伤口，造成机械损伤。然后在放苗的时候要对虾苗进行消毒，进行日常管理的时候也要注意不要伤到虾苗，保证池水的干净。

二、烂尾病

发病特性：烂尾病主要是因为虾之间打架或者是饲养人员不小心导致龙虾受伤，伤口被感染。染病后会在虾尾出现疮点，虾尾不完全，出现伤口腐烂的现象。后期随着病情加重，溃烂的部位会逐渐像身体发展，严重的时候整个虾尾部全部腐烂。

防治方法：与烂壳病一样，防止虾苗受到机械损伤出现伤口，在养殖过程中将饲料投足，防止饵料不足出现打架的现象。定期将池塘消毒，可使用生石灰，对于发病的龙虾可以喷洒强氯等消毒剂进行消毒。

三、软壳病

发病特性：软壳病主要是因为龙虾缺少钙元素，并且池塘中养殖过度导致光照不足。长时间不更换饲料，吃剩的饲料也

没有及时捞出，使池塘水变肥，增大密度，光照不足导致。虾壳用手轻轻一捏就会凹陷进去，由于塑料一般，虾壳颜色加深，食欲不佳，其生长速度也在迅速下降。

防治方法：在准备越冬的时候做好清塘工作，将池塘多余的淤泥及时清除。清塘时配合生石灰进行喷洒进行消毒，将养殖密度控制在池塘负载之内，水草的面积不可超过池塘面积一半，不能长时间的投放单一饵料，根据生长情况适当的改变饵料，多增加含钙量高的饵料。

四、黑鳃病

发病特性：黑鳃病主要是因为虾鳃受到真菌的感染，感染后虾鳃处肉色会逐渐变深，最后完全黑化。导致虾完全丧失鳃部功能，游泳变得较为困难，停止进食。一般患病的虾会爬上池塘或者是潜伏在池底不愿动，几乎丧失了行动能力，最后窒息而亡。

防治方法：定期对池塘进行换水，提高水质，及时将未吃完的饵料捞出来，防止饵料变质污染池水。饵料需要多样化，不可只投放肉性饵料，适当的添加一些营养价值高的蔬菜。发现患病虾及时捞出，用食盐水浸泡治疗，然后用二氧化氯等药剂进行全池喷洒。

第八章　稻—鳝生态种养模式及技术

第一节　稻田选择与设施改造

一、稻田的选择

选择通风、透光、地势低洼、水源充足、进排水方便、耕作土层浅、底土结实肥沃、土壤保水保肥性能良好的中稻田，能确保天旱不干涸、洪涝不泛滥，面积不超过5亩为宜。

二、做好田间工程

一是在秧苗移栽前将田块四周加高，达到不渗水漏水，使其高出田基20~30厘米；二是在田块四周内挖一套围沟，其宽5米、深1米；三是在田内开挖多条“弓”或“田”字形水沟，宽50厘米、深30厘米，并与四周环沟相通，以利于高温季节黄鳝打洞、栖息，所有沟溜必须相通，水沟占稻田面积的20%。开沟挖溜在插秧后，可把秧苗移栽到沟溜边。池四周栽上占地面积约1/4的水花生作为黄鳝栖息场所。

三、做好防逃措施

一是做好进排水系统，并在进排水口处安装坚固的拦鳝设

施，用密眼铁丝网罩好，以防逃鳝。二是稻田四周最好构筑 50 厘米左右的防逃设施，可以考虑用水泥板（70 厘米×40 厘米）衔接围砌，水泥板与地面成 90°角，下部插入泥土中 20 厘米左右。如果是粗养，只需加高加宽田埂注意防逃即可。三是简易防逃设施的建造方法，将稻田田埂加宽至 1 米，高出水面 0.5 米以上，在硬壁及田边底交接处用油毡纸铺垫，上压泥土，与田土连成一片，这种设施造价低，防逃效果好。四是在田埂四周内侧深埋（直到硬土层下 5 厘米）石棉瓦或硬塑薄膜，出土 40 厘米，围成向内略倾斜的围墙。

四、田水的管理

稻田水域是水稻和黄鳝共同的生活环境，稻田养鳝，水的管理主要依据水稻的生产需要兼顾黄鳝的生活习性，多采取“前期水田为主，多次晒田，后期干干湿湿灌溉法”。盛夏加足水位到 15 厘米；坚持每周换水 1 次，换水 5 厘米；在换水后 5 天，每亩用生石灰化浆后趁热全田均匀泼洒；8 月下旬开始晒田，晒田时降低水位到田面以下 3~5 厘米，然后再灌水至正常水位；从水稻拔节孕穗期开始至乳熟期，保持水深 5~8 厘米，往后灌水与露田交替进行，直到 10 月中旬；露田期间要经常检查进出水口，严防水口堵塞和黄鳝外逃；雨季来到时，要做好平水缺口的管理工作。

五、肥料的施用

稻田养殖黄鳝采取“以基肥为主、追肥为辅；以有机肥为主，无机肥为辅”的施肥原则。基肥以有机肥为主，于平田前施入，按稻田常用量施入农家肥；追肥以无机肥为主，禾苗返

青后至中耕前追施尿素和钾肥各 1 次，每平方米田块用量为尿素 3 克、钾肥 7 克。抽穗开花前追施人畜粪 1 次，每平方米用量为猪粪 1 千克、人粪 0.5 千克。为避免禾苗疯长和烧苗，人畜粪的有形成分主要施于围沟靠田埂边及溜沟中，并使之与沟底淤泥混合。身苗的移栽适期为 6 月中旬，一般在身苗移栽 1 周、田内水质稳定后即可投放鳝种。

第二节　作物种植与苗种的投放

一、水稻栽培管理

选择高产、优质、耐肥、抗倒伏的水稻品种，株行距 20 厘米×26 厘米。

（一）晒田

翻耕、暴晒、打碎泥土后，1 亩施腐熟发酵的猪、牛粪 800~1 200千克作基肥，均匀撒于田块中，3 月底 4 月初，排水沟放50~100 千克鸡粪，注水深 0.3 米，繁殖大型浮游动物供黄鳝摄食。

（二）施放基肥

采取的施肥方法是重施基肥，适施追肥。基肥以有机肥为主，一般亩施畜禽肥 400~600 千克，另加过磷酸钙 30 千克。追肥以无机肥为主，一般每次亩施尿素 2~5 千克。这样既营造了黄鳝所喜腐殖质多的水域环境，又能满足水稻生长的营养需要。

二、苗种来源

苗种尽可能是自己或委托别人用鳝笼捕捞的，对于每一批

投放的鳝苗一定要保证是鳝笼刚刚捕捞的野生苗，包括到市场上收购的，更要保证做到鳝苗无病无伤。电捕和毒捕的坚决不能作为鳝种投放。

三、苗种放养

鳝种的投放时间集中在 4 月中下旬一次性放足，鳝种的投放要求规格大而整齐、体质健壮、无病无伤，由于野生黄鳝驯养较难，最好选择人工培育的优良鳝种，如深黄大斑鳝等。鳝种的投放要力争在 1 周内完成。稻田放养的黄鳝规格以 5~30 厘米为好。放养密度一般为每亩 500 尾，如果饵源充足、水质条件好、养殖技术强，可以增加到 700 尾。鳝种入田前用 3%~5% 的食盐水浸泡 10~15 分钟消毒体表或用 5 毫克/升的福尔马林药浴 5 分钟，杀灭水霉菌及体表寄生虫，防止鳝种带病入田。

由于黄鳝有自相残食的习性，一般每个养殖单位最少要有 3 块独立的鳝池（稻田)，把不同规格的鳝种分开饲养。根据鳝种的不同规格，一般放养量在 1~2 千克/米^2，小的少放，大的可适当多放些。放养时间可在栽秧前，也可在栽秧后，最好能在栽秧前放入，但栽秧时一定要尽量避免对鳝种造成一些不必要的机械损伤和化肥农药中毒。

第三节 科学投饵

一、饲料种类

黄鳝为肉食性鱼类，主要饲料有小杂鱼、小虾、螺、蚌、

蚯蚓、蚬肉、蝇蛆、鲜蚕蛹、切碎的禽畜内脏及下脚料。可适当搭配麦芽、豆饼、豆渣、麸皮、发酵酸化的瓜果皮，还可适当投喂混合饲料。在这些饲料中，以蚯蚓、蝇蛆为最适口饲料。还可以在稻田中装 30~40 瓦黑光灯或日光灯引诱昆虫喂食黄鳝。

二、投喂方法及数量

在黄鳝进入稻田后，先让其饥饿 2~3 天再投饵，投喂饲料要坚持“四定”的原则。

定点：饵料主要定点投放在田内的围沟和腰沟内，每亩田可设投饵点 5~6 处，会使黄鳝形成条件反射，集群摄食。

定时：因为黄鳝有昼伏夜出的特点，所以投饲时间最好掌握在 17—18 时就可以了，对于稻田养殖黄鳝时，也不一定非得驯食在白天投喂。

定量：投喂时一定要根据天气、水温及残饵的多少灵活掌握投饵量，一般为黄鳝总体重的 2%~4%。如投喂太多，则会胀死黄鳝，污染水质；投喂太少，则会影响黄鳝的生长。当气温低、气压低时少投；天气晴好，气温高时多投，以第 2 天早上不留残饵为准。10 月下旬以后由于温度下降，黄鳝基本不摄食，应停止投饵。

定质：饵料以动物性蛋白饲料为主，力求新鲜不霉变。小规模养殖时，可以采取培育蚯蚓、豆腐渣育虫、利用稻田光热资源培育枝角类等活饵喂鳝。稻田还可就地收集和培养活饵料，例如，可采取沤肥育蛆的方法来解决部分饵料，效果很好。方法：用塑料大盆 2~3 个，盛装人粪、熟猪血等，置于稻田中，会有苍蝇产卵，蝇蛆长大后会爬出落入水中供黄鳝食用。

第四节　活饵料的培育

活饵料以其营养价值高、绿色无污染、培养简单易得、便于水产动物摄食和消化的优点，成为黄鳝、泥鳅养殖的重要组成部分，至今仍难以被人工配合饲料完全取代。尤其是作为苗种培育阶段时的开口饵料，更是显得非常重要；同时活饵料对于增强黄鳝和泥鳅的体质、促进它们的生长和提高对疾病的抵抗力具有重要的作用。

一、桡足类的培养

桡足类隶属于节肢动物门、甲壳纲、桡足亚纲。培养饵料用的桡足类分别隶属于哲水蚤目、剑水蚤目和猛水蚤目的种类。桡足类是小型低等甲壳动物，是黄鳝、泥鳅苗种培育时的主要饵料之一。

（一）培养设备

主要培养设备有培养容器、搅拌器、充气装置、升温装置等。

小型培养容器多使用 1 立方米左右的塑料水槽。大型培养容器多为水泥池，其容量从几立方米到几百立方米不等。池深一般 1.0~1.3 米。小型培养容器多用散气石充气搅拌，不设专门的搅拌器。大型水泥池的搅拌器有两种：一种是专门的搅拌器，这种搅拌器带有翼片，慢速运转，靠翼片搅动水体；另一种是用铺在池底的塑料管充气搅拌。桡足类生长繁殖的水温一般较高，因此，需配备升温装置。

（二）培养用水的处理

培养用水最好通过沙滤，如果无沙滤设备，也可以用筛绢网过滤，滤除水中的大型动物。

（三）接种

种的来源有两个途径：一是从自然水域采集桡足类，经分离、富积培养后，再往大型培养容器接种；二是采集桡足类的卵进行孵化。

接种量以大为好。接种量大，增殖到收获时密度的时间短，生产效率高。接种量最大可以达到当时培养条件下最大密度的一半。

（四）投放附着基

培养底栖和半底栖的桡足类，需要投放附着基。例如，虎斑猛水蚤有爬行于池壁和池底或在其附近游泳的习性。为了增加其栖息场所，投放附着基有明显效果。附着基的种类有蚊帐布、筛绢网、塑料波纹板、聚乙烯薄膜等。用垂挂蚊帐网作附着基，不会降低通气能力，而且蚊帐网上有浒苔生长，起到了附着基、饵料和稳定水质的作用。

（五）管理

1. 投饵

应根据桡足类的食性选择适宜的饵料。杂食性桡足的饵料种类很多，适于大量培养。除了饵料种类外，还要控制适宜的投饵量。如果用 1 立方米容量的塑料水槽作培养容器，混合投喂对虾配合饲料与酵母，对虾配合饲料投喂量每周 30~75 克，酵母投喂量 2 克/日，虎斑猛水蚤增殖到 1.4 万~1.7 万个/升；

混合投喂蛙类配合饲料与酵母，蛙类配合饲料每 2~3 天投喂 5~10 克，酵母每 2~3 天投喂 10 克，虎斑猛水蚤增殖到 1.6 万~2 万个/升；1 次或多次投喂酱油糟 125~625 克，虎斑猛水蚤增殖到 4 000个/升。

2. 搅拌和充气

搅拌和充气的作用，一是增加培养水中的溶解氧，二是防止饵料下沉，这是培养管理的一项重要措施。但是要适当控制搅拌和充气的强度。底栖和半底栖的桡足类有在池壁附近生活的习性，搅拌强度过大或充气量过大，有可能对其产生不利影响。

3. 控制温度、光照强度

应把温度和光照强度控制在最适宜范围。温度不宜变化过大。

4. 水质控制指标

桡足类培养中水质变化过大，特别是投喂人工饲料时更要注意。培养过程中溶解氧应大于 5 毫升/升。pH 值应控制在 7.5~8.6。如果溶解氧和 pH 值过低，应加强通气。

5. 收获

培养的桡足类最高密度都有一定界限，并且随培养条件不同而不同。据报道，虎斑猛水蚤的增殖密度，在 1 升水槽中为 3 万个/升，在 30 升水槽中为 1.8 万个/升，1 吨水槽中可达 1.5 万个/升，在 40 吨水池中用油脂酵母作饵料达到 3.6 万个/升，在 200 吨水池用面包酵母作饵料，增殖密度也达到 1.58 万个/升。在密度达到一定水平后，就要收获其中的一部分，这对桡

足类的长期稳定增殖是有利的。每次收获量的大小，以不影响其增殖为准。如果每次的收获量过小，则现存量就大，桡足类则处于较高密度状态，对其生长繁殖不利。相反，如果每次的收获量过大，则现存量就小，参与繁殖的个体数量就小，也影响其增殖的速度。每次收获量 10% 左右。收获方法是用网目 0.33 毫米的网捞取。收获的个体主要是成体和后期桡足类幼体。

二、摇蚊幼虫的培育

（一）人工采卵

用专用的人工采卵箱完成，采卵箱的大小为 1 米×1 米× 2 米，用厚 4～5 厘米的方杉木做箱架，外面挂有防蚊用的昆虫网，其上覆盖透明塑料布，以便保持箱内的湿度和从外面进行观察。

（二）温度

最适范围为 23～25℃。

（三）湿度

湿度 90% 以上可得到 80%～85% 的受精率，调节湿度可由采卵箱中的喷水器控制，箱外覆盖塑料布防止蒸发。

（四）饵料

饵料置于采卵箱中的面盆或喷洒在悬挂于采卵箱中的布幕。成虫饵料为 2% 的蔗糖、2% 的蜂蜜或两者混合液，都能获得较高受精率。

用以上采卵箱的条件，受精卵块持续的天数为 12～15 天，平均每天可采卵块 150～200 个。假设 1 个卵块中的卵粒数平均为 500 个，则每天能采 10 万个个体，2 周后可得到 140 万个个

体，约合 7 千克幼虫。

（五）培养基

1. 琼脂培养基

将琼脂溶解于热水中，配成 0.8% 的琼脂溶液，冷却至 50℃：以后再加入牛奶。根据牛奶的添加量调整蒸馏水的量，使琼脂浓度最后调整为 0.75%，然后将培养基溶液 25 毫升倒入直径为 90 毫米的玻璃皿中冷却，使琼脂凝固，在上面加 10 毫升蒸馏水。

2. 黏土—牛奶培养基

取烧瓦用的黏土一定量，加入 10 倍重的蒸馏水，在大型研钵中研碎，使之成为分散的胶体状，除去砂质后，用每平方厘米 1.2 千克的高压灭菌器灭菌 30 分钟，冷却之后取一定量，加入牛奶，迅速开始凝集，黏土粒子和牛奶一起形成块状的沉淀，即可当幼虫的培养基。

3. 黏土—植物叶培养基

取杂草或桑叶或海产的大叶藻，加适量海砂和水，把植物叶子在研钵中磨碎，用 50 目筛绢网过滤挤出植物碎叶，静置后取出植物碎叶中的细砂。然后在黏土溶液加入适量氯化钙，再加入植物碎叶，就和牛奶一样发生凝集，直至上澄液不着色、不混浊时，等待 10~20 分钟后倾去上澄液，加入蒸馏水进行振荡，再静置 10~20 分钟后，除去上澄液，如此反复 2~3 次之后，将沉淀部分适当稀释便可当培养基。

4. 下水沟泥培养基

从下水沟或养鱼塘采集鲜泥土，去掉其中的大块垃圾，加

入等量的自来水搅拌，静置 30 分钟后倒掉上澄液，这样反复进行 1~2 次，除去下水沟泥的悬浮物。用高压锅高压灭菌 30 分钟，冷却之后倾去上澄液，加入适量蒸馏水即可当培养基。

（六）培养方法

1. 接种

用人工采卵和人工培养基饲育的摇蚊幼虫，经 60 目筛网选出体长 3~4 毫米的幼虫置于盆中，1~2 天后加入蒸馏水，再移入筛网用蒸馏水冲洗干净之后，把水分沥干，将幼虫接种在培养基上。

2. 静水培养法

上述 4 种培养基的共同特点是两相培养基，即培养基底是固体物质的黏土、牛奶、植物碎叶或下水沟泥的沉淀物，培养基的上部是水基蒸馏水。用直径 90 毫米的培养皿盛装培养基时，把大于 3 毫米的摇蚊幼虫接种于器皿中培养，这就是静水培养。这种静水培养可一直培养到蛹化前即可采收，它具有操作容易的优点，但是这种培养法由于得不到充足的氧气保证，培养基容易变质，产量远不如流水培养法。

3. 流水培养法

在塑料容器（33 厘米×37 厘米×7 厘米）或直径为 45 厘米的圆盆底部放入厚度为 10 毫米的沙层，再在上面铺上黏土—牛奶培养基，每 3 天添加 1 次，从一端注入微流水，另一端排出，再用孵化后 24 小时的幼虫进行流水培养。流水可以起到排污和增加氧气的目的，培养结果比静水培养的好。

4. 体长小于 3 毫米的幼虫培养

体长小于 3 毫米的幼虫的口器发育尚未完成，对各种外界

环境的抵抗力较弱，更不可能抵抗 0.1 米/秒的流水速度，因此，需要用另外一种培养方法。这种方法是：在 500 毫升的三角烧瓶中，注入半瓶水，加进 50 毫升的培养基，将要孵化的卵块加进烧瓶里，用气泡石通气，每分钟通入 800~1 000立方厘米的气体，温度以 23~25℃为宜，在这种条件下，卵块会顺利孵化，4 天后体长可以达到 3 毫米，然后转入流水培养基中继续培养。

三、黄粉虫的培育

（一）培育模式

1. 工厂化培育

这种生产方式可以大规模地提供黄粉虫作为饵料，适合于鳝鳅的养殖需要。工厂化养殖的方式是在室内进行的，饲养室的门窗要装上纱窗，防止敌害侵入，房内安排若干排木架或铁架，每只木（铁）架分 3~4 层，每层间隔 50 厘米，每层放置一个饲养槽，饲养槽的大小与木架相适应。饲养槽既可用铁皮制成，也可用木板制成，一般规格为长 2 米、宽 1 米、高 20 厘米，在边框内壁用蜡光纸裱贴，使其光滑，防止黄粉虫爬出。

2. 家庭培育

家庭培育黄粉虫，规模较小，产量很低，可用面盆、木箱、纸箱等容器放在阳台上或床下养殖，平时注意防止老鼠、苍蝇、鸡等的侵害。家庭培育具体的养殖模式有箱养、塑料桶养、池养和培养房大面积培养 4 种。

（1）箱养。用木板做成培养箱（长 60 厘米、宽 40 厘米、

高 30 厘米)，上面钉有塑料窗纱，以防苍蝇、蚊子进入，箱中放 1 个与箱四周连扣的框架，用 10 目/厘米规格的筛绢做底，用以饲养黄粉虫，框下面为接卵器，用木板做底，箱用木架多层叠起来，进行立体生产。

(2) 塑料桶养。塑料桶大小均可，但要求内壁光滑，不能破损起毛边，在桶的 1/3 处放一层隔网，在网上层培养黄粉虫，下层接虫卵，桶上加盖窗纱罩牢。

(3) 池养。用砖石砌成 1 平方米大、高 0.3 米的池子，内壁要求用水泥抹平，防止黄粉虫爬出外逃。

(4) 培养房大面积培养。通常采用立体式养殖，即在室内搭设上下多层的架子，架上放置长方形小盘（长 60 厘米、宽 40 厘米、高 15 厘米），盘内培养黄粉虫，每盘可培养幼虫 2~3 千克。

(二) 培育技术

黄粉虫在 0～1℃ 可以安全越冬，10℃ 以上可以活动吃食，生长适温为 25~36℃，最高不超过 39℃。室内空气湿度以 60% 左右为宜。在长江以南地区一年四季均可养殖，在特别干燥的情况下，黄粉虫尤其是成虫有相互残食的习性。

饲养前，首先要在箱、盆等容器内放入经纱网筛选过的细麸皮和其他饲料，再将黄粉虫（幼虫）放入，幼虫密度以布满容器或最多不超过 2～3 厘米厚为宜。最后上面盖上菜叶，让虫子生活在麸皮与菜叶之间，任其自由采食。虫料比例是虫子 1 千克、麸皮 1 千克、菜叶 1 千克。刚孵化的幼虫以多投玉米面、麸皮为主，随着个体的生长，增加饲料的多样性。每隔 1 星期左右，换上新鲜饲料并及时添补麸面、米糠、饼粉、玉米面、胡萝卜片、青菜叶等饲料，也可添加适量鱼粉。每 7 天左右清

理1次粪便。黄粉虫饲养周期为100天左右，卵经过3~5天孵化成幼虫，幼虫要蜕皮15~17次，每蜕皮1次就长大一点，当幼虫长到20毫米时，便可用来投喂动物。一般幼虫继续生长到体长30毫米、体粗8毫米时，颜色由黄褐色变淡，且食量减少，这是老熟幼虫的后期阶段，之后会很快进入化蛹阶段。初蛹呈银白色，逐渐变成淡黄褐色。初蛹应及时从幼虫中拣出来集中管理，蛹期要调整好温度与湿度，以免发生霉变。蛹经过7~9天，即蜕皮羽化成为成虫（蛾）。蛹将要羽化成成虫时，会不时地左右旋转，几分钟或几十分钟便可蜕掉蛹衣羽化成为成虫，成虫活30~60天。在饲养的过程中，卵的孵化及幼虫、蛹、成虫要分开饲养。当大龄幼虫停止吃食时，要拣出来放于另一器具里，使其产卵，经过1~2个月的养殖，便进入产卵旺期，此时接卵纸要勤于更换，每5~7天换1次，每次将更换收集的卵粒分别放在孵化盒中集体孵化。

四、蚯蚓的培育

蚯蚓以土壤中的腐殖质为食，许多有机废弃物和污泥都可作为蚯蚓的食料，如纸厂、糖厂、食品厂、水产品加工厂、酒厂的废渣，污水沟的污泥，禽畜粪便、果皮菜叶、杂草木屑和垃圾等。

蚯蚓在10~30℃均能生长繁殖，最适温度为20~25℃。土壤含水率要求为35%~40%，pH值以6.6~7.4较适宜。蚯蚓雌雄同体，但需异体受精方能产卵，受精卵在茧内经18~21天后发育成幼蚓。小蚯蚓从出生到成熟约需4个月，成熟后每月产卵1次，每次繁殖10~12条，好的品种一年可繁殖近千倍。

培养蚯蚓的基料和饲料要求无臭味、无有毒物质，并已发

酵的腐熟料。基料的制作与饲料基本相似，即把收集的原料按粪60%、草40%的比例，层层相间堆制（全部粪料亦可）。若料较干，则于堆上洒水，直至堆下有水流出为止。待堆上冒“白烟”后方可进行翻堆，重新加水拌和堆制。如此重复3~5次，整堆料都得到充分发酵后就可作为蚯蚓的基料和饲料了。如全部用粪料堆制，可不必翻堆。

蚯蚓培养可采用槽式、围地、土坑和饲料地养殖等方式。将发酵好的基料铺在饲养容器内，厚度在10~30厘米。引入蚓种，每平方米可放1 000~2 000条。基料消耗后要及时加喂饲料，方法有3种：团状定点投料、隔行条状投料和块状投料。新料投入后，蚯蚓自行爬进新料中取食，可将陈料中的卵包收集孵化。孵化时间与温度有关，15℃时约30天，20℃时约20天，温度越高时间越短，但孵化率越低。

蚯蚓的饲养管理应主要做到如下几条：保证基料饲料疏松通气；保持湿润；防毒防天敌，如蛆、蚂蚁、青蛙、老鼠等，以及农药为害；避免阳光直射和冰冻。

蚯蚓的收集可利用它怕光、怕热、怕水淹的缺点和用食物引诱的方法进行。

五、蛆蛹的培育

蛆蛹，是一种营养价值很高的蛋白饲料，干物质中蛋白质含量达50%~60%，脂肪达10%~29%，饲养家禽或鱼、甲鱼、龟、虾等，效果与鱼粉相似。

蛆蛹生产由饲养成蝇、培养蛆蛹和蛆粪分离3个环节组成。

1. 成蝇饲养

成蝇生长繁殖的适宜温度为22~30℃，相对湿度为60%。

成蝇的饵料，大都是由奶粉、糖和酵母配合而成的，亦可用鸡粪加禽畜尸体，或用蛆粉和鱼粉代替奶粉饲养。培养房内设方形或长方形蝇笼，笼内置水罐、饵料罐和接卵罐。雌蝇在羽化后 4~6 天开始产卵，每只雌蝇一生产卵千粒左右，寿命约 1 个月。接卵时，用变酸的奶、饵料，加几滴稀氨水和糖水，再加少量碳酸铵或鸡粪浸出液，将布或滤纸浸润后放入接卵罐内，成蝇就会将卵产于布或滤纸上。

2. 蛆蛹的培养

养蛆房内温度应保持 22~27℃，相对湿度 41%。培养盘的大小以方便为原则，内铺新鲜鸡粪，厚度在 5~7 厘米，鸡粪含水量为 65%~75%。为更好地通气，可在鸡粪中适当掺入一些麦秸或稻糠，每千克鸡粪可接卵 1.5 克。幼虫期为 4~9 天。

3. 蛆粪分离

一般直接把蛆和消化过的鸡粪一并烘干作饲料。若要分离时，可利用蛆避光的特点进行。

第五节　鳝常见病的防治

一、肠炎病

1. 症状

红肿，鳃部出血，头部发黑并伸出水面呼吸，口腔有充血现象，腹部出现红斑。4—7 月流行，传染性强，发病快。病程短，死亡率高。

2. 防治

发病季节每 10~15 天用漂白粉 1 克/米^3 水体泼洒。每 50 千克鳝用 5 克大蒜拌饵投喂，连续 6 天；或用 2 克土霉素拌饵投喂。

二、出血病

1. 症状

体表呈点状、块状或弥散状充血，腹部较明显。红肿，有的口腔内有血样黏液，提起尾部，口内流血水。

2. 防治

用 0.2~0.25 毫克/升土霉素化水全池泼洒。每 5 千克鳝用 1~2 克土霉素拌蚌肉等投喂。

三、烂尾病

1. 症状

尾部充血发炎，继而肌肉坏死溃烂，严重时尾部烂掉，尾脊骨外露。

2. 防治

用土霉素 0.2~0.25 毫克/升全池泼洒。用 0.25 单位/毫升金霉素浸洗消毒病鳝。

四、新棘虫病

1. 症状

虫体吻部牢固地钻进病鳝肠黏膜内吸取营养，导致黄鳝肠

道充血发炎，阻塞肠管，使部分组织增生或硬化。

2. 防治

用 90%晶体敌百虫 0.1 毫克/升全池泼洒。每千克黄鳝用 90%晶体敌百虫 0.04~0.1 克拌 1 千克蚯蚓投喂。

第六节　捕鳝上市

稻田养鳝的成鳝捕捞时间一般在 10 月下旬至 11 月中旬，尤其是在元旦、春节期间销售的市场最好、价格最高，捕捞也多在这时进行。黄鳝捕获方法很多，可因地制宜采取相应捕获措施。

捕捉时，先慢慢排干田中的积水，并用流水刺激，在鳝沟处用网具捕获，经过几次操作基本上可以捕完 90%以上的成鳝；用稻草扎成草把放在田中，将猪血放入草把内，第二天清晨可用抄网在草把下抄捕；用细密网捕捞；放干田水人工干捕，当然干捕时黄鳝极易打洞，这时配合挖捕可基本上捕完黄鳝，挖捕时只需用铁制的小三股叉就可挖出，从稻田一角开始翻土，挖取黄鳝。不管是网捞还是挖取，都尽量不要让鳝体受伤，以免降低商品价值。

由于黄鳝身体无鳞，且有黏液、很滑，因此，黄鳝的捕捞不仅仅是一项技术活，有时也是一项乐趣横生的活动。我们要根据具体的情况采取相应的捕捞方式，通常有效的捕捞方法有如下几种。

一、排水翻捕

在捕捞前先要把田间沟里的水排干，然后从稻田的一角开

始逐块翻动泥土，一定要注意的是不要用铁锹翻土，最好用木耙慢慢翻动，再用网兜捞取，尽量不要让鳝体受伤，这种方式的起捕率是最高的，一般可高达98%以上。若留待春节前后出售，可将田间沟里的水放干后，在泥土上覆盖稻草，以免结冰而使黄鳝冻伤、冻死，到春节前后翻泥捕捉即可。

二、网片诱捕

这种方法是利用黄鳝摄食的特性来捕捞的，适用于稻田养殖黄鳝的捕搜。先用2~4平方米的网片（或用“夏花”鳝种网片）做成一个兜底形的网，放在水中，在网片的正中心放上黄鳝喜食的饵料，可用诱食性强的蚯蚓等饵料。随后盖上芦席或草包沉入水底，半小时左右，将四角迅速提起，掀开芦席或草包，便可收捕大量黄鳝，这些黄鳝会自动聚集在兜底，经过多次的诱捕后，起捕率高达80%~90%。

三、鳝笼网捕

一般家庭养鳝可采用笼捕法，此方法操作简便、效果好。捕鳝的笼用竹篾编织而成，鳝笼呈“人”字形或“L”字形，由2节用细竹丝编扎而成的笼子连接制成。每节竹笼长30厘米、粗10厘米。其中一节竹笼的一端有一个直径约3厘米的进口，只能供鳝进而不能出；另一端有一个同样大小的出口，与另一节竹笼连通。第2节竹笼顶端装有盖子，用于投放诱饵和取鳝。在20~30个竹笼中分别放入一些猪骨头、动物内脏，笼头盖好倒须，笼尾用绳拴牢。捕捞一般在晚上进行，傍晚时，在笼里放入黄鳝喜食的鲜虾、小鱼、猪肝、蚯蚓等饵料，然后

将笼放入稻田里，19—20时放笼。黄鳝夜间觅食时，嗅到食物，便从笼头口往竹笼内钻，当它饱餐一顿后想走时，因笼头口有倒须便会再也出不来了。次日凌晨收笼时，一般笼内都有黄鳝，解开笼尾的绳子或取掉笼头的倒须，将黄鳝倒入笆笼内。如果稻田里的黄鳝密度很大而且笼子又多的话，可以大约隔2小时，来提取笼中的黄鳝，规格小的自然掉入池中，规格大的能达到上市规格的黄鳝就会被捕捉上来。这种方式既能达到捕起商品黄鳝的目的，又不影响小鳝的生长。经过多次捕捞，一般可捕获70%~80%。这种竹笼捉黄鳝的方法只适用于春、夏、秋三季，冬季则不适用。

四、草垫诱捕

初冬或晚秋放掉田间沟里的水之前，做好诱捕准备的工作，将较厚的新草垫或草包用5%的生石灰溶液浸泡23小时消毒处理后，再用2%的漂白粉溶液冲洗除碱，晾置2天后备用。先将草塾铺在田间沟泥上，再撒上厚约5厘米的消毒稻草、麦秆，然后铺上草垫，再撒上一层约10厘米的干稻草。当水温降至13℃以下时，逐步放水至6~10厘米深，水温降至6~10℃时，再于泥沟中加盖一层厚约20厘米的稻草，温度明显下降时，彻底放掉田间沟里的水，此时由于稻草的逆温效应，温度偏高于泥层，黄鳝就会进入下层草垫下或两层草垫之间。此方法适用于大批量捕捞黄鳝。

五、扎草堆捕鳝

用水花生或野杂草堆成小堆，放在田间沟的两侧，过3~4天后

用网片将草堆围在网内，把两端拉紧，使黄鳝逃不出去，将网中草捞出，黄鳝即落在网中。草捞出后，仍堆放成小堆，以便继续诱黄鳝入草堆然后捕捞。这种方法在刚下过雨后使用效果更佳。

六、幼鳝捕捉

有时为了出售鳝苗或者将稻田里饲养的幼鳝转移到别的稻田里，这时就需要将幼鳝捕捞出来。这时可用丝瓜筋来营造黄鳝的巢穴，每平方米可以放 3~4 个干枯的丝瓜筋，过一会儿幼鳝就会自动钻进去，用密眼网或其他较密的容器装丝瓜筋，就可把幼鳝捕捉起来了。

第九章　稻—鸭生态种养模式及技术

第一节　稻鸭共栖的基础和依据

一、稻田环境有利于鸭的生长

稻田是由栽培水面和田埂两部分组成，是极其典型的人工生态系统。因为稻田的水较浅，浅水期水深 3~4 厘米，深水期水深 12~15 厘米，因而形成了独特的生态条件。它对水、土、光、热、气等的利用方式、利用率等与旱地、池塘相比有着较大的差异。

稻田与旱地相比，其最大的特点就是人为地把固相（土壤）与液相（水体）两者紧密地结合起来。因此，它除了具有平面式旱地所有的种植功能外，还可以利用水体这一立体空间来进行综合养殖，如养鸭、鱼、蛙、螺等水生动物，以及萍和水葫芦等漂浮性水生植物，充分地发挥水体综合生产潜力。另外，旱地作物的耕作，强烈地受季节和气候的限制，如果品种选择不当，季节衔接不紧密，就无法保证旱地作物的稳产、高产。而稻田立体生态系统就不一样，它可以充分利用光热资源，在同一季节、同一时间，有选择地使水稻、萍的生长和鸭的养殖

在同一稻田空间内互利共生，各得其所，共同发展（图 9-1）。

图 9-1　稻鸭共栖

稻田养鸭与池塘养鸭相比的优势表现为：一是水温变化大。由于稻田的水较浅，水温受气温的影响很大，不但季节温差大，而且有明显的昼夜温差。通常白天的最高水温较最高气温低 1~2℃，而夜间的最低水温较最低气温高 1~2℃。夏天稻田的最高水温一般在 20~38℃范围内，有时会高达 40℃左右。二是水体溶氧充足。稻田内水体的溶氧量通常始终保持在 4.5~5.4 毫克/升。这是因为稻田内的水生植物较池塘多得多，白天的光合作用放氧量很大；稻田水浅、水面大，与空气的接触面大，大气中氧气的溶入量也较大。此外，稻田内的水交换量较大也是造成稻田水体溶氧充足的原因。三是病害少。稻田内的水质可以保持肥而活，活而爽，而且养殖生物的放养密度也较低，病原生物少。四是鸭可食用的饲料丰富。稻田中的各种杂草、浮游生物、底栖动物、水生昆虫等都是鸭的优质饲料。

稻田这一理想而优越的空间优势，还未充分被人们所认识和利用，绝大多数的稻田，还停留在单一的种植水稻功能上。

我们只需主动地抓住稻田的各种有利因素，辅以人为的措施，通过人工干预，就可有效地控制物质和能量的流动方向，使其朝有利于稻、鸭双方的方向流动，使稻田生态系统最大地发挥其应有的生态效益、经济效益及社会效益。

二、稻田为鸭提供适宜的生活环境

稻田是为适合水稻栽培而建立起来的人工湿地生态环境，是由光、热、水、土、气等非生物因子和以水稻为主体，包括各种杂草、浮游植物、底栖动物、细菌、真菌等生物因子构成的、开放程度很高的农田生态系统。由于水稻的生长离不开水，稻田具有干、湿两种生态环境，利用稻田水体和稻行间的立体空间进行围栏养鸭，比利用池塘、水库等水体环境养鸭具有明显的优势。其特点如下。

（一）水位波动大

水稻为浅根性作物，在整个生育期中，需水量相当大，每亩产500千克稻的稻田需水量为2 400米^3，灌水量（扣除有效降水量）为600~800米^3，其中绝大部分被蒸腾消耗。当蒸腾失水和根系吸水保持平衡时，植物体即能正常生长发育，如果水分吸收低于蒸腾失水量，则会引起植株气孔关闭和光合作用减退，并由于土壤硝态氮的淋溶和脱氮而易使氮的吸收减少，从而造成水稻减产。水稻的增产是根据水稻生理需求采取不同的淹水深度和可调节的水田为基础，同时结合品种改良、水肥管理、病虫害防治等生产技术而实现的。水位波动通常在3~10厘米（晒田及黄熟后期田面无水），田水的交换量大。鸭是两栖类水禽，喜欢在水中觅食、嬉戏和求偶交配，在陆地上休息和产

蛋，因此，稻田水体环境适合于鸭的放牧词养。

（二）湿度变化大

温度是一切生物生长发育的一个重要条件。水稻是喜温作物，各地稻作都是在高温地区或高温季节进行的。由于稻田水浅，水温受气温等的影响较大，光照直达土面，上下水层水温一致。围栏养鸭的稻田中保持一定的水温，不仅是水稻生长发育的主要环境因素，也是鸭生存、生长的必要条件。鸭是恒温动物，对外界环境温度的变化具有一定的适应能力，成年鸭适宜的环境温度范围为 5～30℃。产蛋鸭最适宜温度为 0～13℃。稻田水温具有明显的季节差异和昼夜差异。

（三）溶解氧高

淹水土壤中的氧气来自大气、灌溉水及在水中进行光合作用的各种水生植物和水稻根系的分泌。由于田中的水稻、水生植物及浮游植物光合作用产生大量的氧气，且因田水浅、地势开阔，空气中的氧气容易溶解于水中，增加了水中的溶氧量，所以鸭无缺氧的危险。水中溶解氧的多少是判断稻田水质好坏的一个重要指标，氧气作为一种生活要素，通过鸭的呼吸作用，满足鸭维持正常代谢作用的需要。鸭对气体的需求量较大，对氧气的利用率也高，约 60%。当水中溶氧量低于一定的水平时，鸭的正常生理活动甚至生命都要受到威胁。水中溶氧量的高低，也通过影响鸭的取食和消化，进而影响鸭的生长，最终影响鸭的产量。

水中溶氧对鸭和产量发生影响的另一个原因是田水中有机质的氧化分解可促进田水中物质循环和消除一些生物代谢的有毒产物。在高溶氧条件下，好气性腐败细菌的活动强烈，有机

质分解快；浮游植物和水稻以及杂草由于营养盐补充快而生长旺盛，生物量大，因此，稻田水体中各种动物蛋白质代谢的有毒产物——氨，能够作为一种营养盐而很快被吸收。另外，氨的硝化过程都是需氧的，溶解氧越多，作用越强烈，故在高溶氧条件下只要其他条件（pH 值等）适宜，氨很快被转化成硝酸盐，不会积累到有毒程度。

（四）酸碱度适宜

酸碱度除了直接影响植物的发芽和生长发育外，还影响矿质盐分的溶解度和土壤微生物的活性，从而间接影响植物的营养状况。鸭生长的最适宜 pH 值为 7 左右，我国稻田的酸碱度，一般 pH 值在 6~8，通常都适宜鸭的生活。在大量施用石灰的田块，往往水质偏碱；而施农家肥过多的田块，水质又偏酸。通过淹水可以改变稻田的 pH 值，酸性土壤淹水后 pH 值降低，石灰性土壤、钠质土壤淹水后 pH 值升高。大多数土壤淹水数周后 pH 值可稳定在 6.5~7.5。

（五）光能充足

光能是稻田最主要的能量来源。据气象部门资料，我国南方年日照时数一般为 1 400~ 2 200小时，年总辐射量为 418.40~502.08 千焦/0.01 米^2，光能、热能较充足。水稻对光能的利用率不足 1%，仍有许多辐射光及水稻未封行之前的大部分光能，能为田中杂草及浮游植物所利用，因而，稻田中的光能也是鸭能量的一个主要来源。

（六）鸭的食物丰富

稻田内水稻的根、茎、花、谷等残留物较多，据潘树根测

定，每亩残留于田中的稻根有3 214千克（鲜重），稻茬头1 183千克（鲜重），稻草959千克（鲜重）。稻草中含硅9%～13%、钾1.6%～3%、纤维素35%～40%，这对促进田中微生物及硅藻的生长十分有利。水稻每个花药有花粉1 400～1 500粒，授粉之后就掉落田中。潘树根还测定，两季稻花达每亩103.9千克（鲜重）。禾花富含蛋白质，故有“稻花香，鲤鱼肥”之说。由于稻谷成熟度不一致，过度成熟的常会提前落粒，一般在收割中有3%～5%的失落量，即每亩有15～25千克谷粒掉落田中。据此，田中的水稻残留物量达每亩 5 400千克（鲜重），约占水稻光合作用产物的1/4，这就为稻田围栏养鸭提供了其他养鸭水域所没有的大量有机质和食源。由于水稻吸肥能力有限，及目前我国施肥水平较低，造成所施肥料只有40%左右能被植株体吸收，其余的肥料被土壤吸收或溶解于水中，成为田间饵料生物的养分，再通过鸭的转化作用为人们带来收益。

（七）稻田病害少

由于稻田换水量大，水质清新，含氧量丰富，因而，稻田水体病原体少。稻田通过深耕，翻晒，水旱轮作，也能杀死许多害虫和有害细菌。据韩先朴调查，稻田水中细菌数为4 100个/毫升，鱼池水中为8 800个/毫升，细菌数量稻田比鱼池低53.4%，其中致病菌稻田比池塘低61.5%。所以，采用稻田围栏养鸭有利于鸭的健康生长。

三、稻田为鸭提供食源

稻田内的各种杂草、浮游生物、底栖动物、水生昆虫等生物资源种类多且数量大，都是围栏养鸭所需的优质饲料。

目前所知的稻田杂草共有41科，209个种和变种。稻田中的杂草，多数是水生植物和沼泽植物，少数是湿生植物，其繁殖力、适应性和生命活力都比水稻强，而且常常比水稻出苗早，花果期长，随花随果，随熟随落，到处滋生蔓延。有些杂草还是病虫害的中间寄主，对于水稻的生长发育十分有害。但许多稻田杂草，如鸭舌草、水葫芦、苦草、小茨藻等都是鸭很喜欢吃的天然饲料，稻田养鸭可收到既为稻田除草又为鸭提供饲料的双重效果。在一般情况下，稻田杂草每年夺去稻谷产量的10%，最高的可达30%以上。也就是说，若消除了田间杂草，稻谷将增产10%以上。倪达书等测试表明，未进行养鸭等生态除草或未进行化学除草的早稻田杂草量达每亩30~435.5千克。鸭的生长速度快，饲料转化率高，按1∶40的饲料转化率计算，每亩稻田可提供10千克以上的鸭产品。

稻田浮游生物包括浮游植物和浮游动物两大类。据调查，目前我国发现的浮游植物有6门61属，其中硅藻门20属，绿藻门29属，蓝藻门、裸藻门各5属，金藻门、甲藻门各1属。浮游动物有16种，其中原生动物3种，轮虫类10种，枝角类1种，桡足类2种。浮游植物量为15万~65万个/升，浮游动物量为900~2 800个/升。其中大部分都是鸭喜欢吃的鲜活饲料，如绿萍、水葫芦、紫背浮萍、轮虫等。由于稻田的肥料足，养分多，使稻田早期的浮游生物繁殖较快，其生物量达75~118.7毫克/升，比池塘高4~6倍。

底栖动物也是鸭的好饲料。底栖动物主要是软体动物、寡毛类和水生昆虫，目前发现的共有21种。稻田中的软体动物主要有田螺和扁螺；寡毛类主要有尾鳃蚓、颤蚓、水丝蚓；水生

昆虫主要有摇蚊幼虫、蜻蜓目幼虫、差翅亚目幼虫等；此外，还有大量的两栖类蝌蚪。在这些底栖动物中，多数种类可直接或间接地成为田中鸭的天然饲料。如水蚯蚓、田螺、蜻蜓幼虫、摇蚊幼虫等。围栏养鸭稻田中的底栖动物比不养鸭稻田的少，因为养鸭稻田的鸭摄食了大量的底栖动物，摄食量为稻田底栖动物总量的 80%~100%。普通稻田的稻作期间，底栖动物量为每亩 6~17 千克。此外，大量的水稻田间残留物也是鸭的主要食源。

第二节　作物种植与幼鸭放养

一、水稻栽培

（一）移栽技术

水稻采用宽行、宽株的稀植方式，株行距以 30 厘米×30 厘米为宜，每亩栽 1.0 万~1.2 万穴，每穴 2~3 苗，基本苗 5 万~6 万，既利于水稻高产，也有利于鸭在植株间穿行。

（二）生物防治病虫草害

稻间害虫、杂草主要靠鸭捕食，并辅以高效的生物农药防治。一般病虫害可采用高效低毒、低残留农药防治。在这二年的稻鸭共生试验，都没有用任何药物防治，也没有发生严重病虫为害。

（三）水分管理

稻鸭共作技术大田水分管理，既要考虑水稻生理生态需水

特点，又要考虑鸭子生活习性。放鸭初期水管理。鸭放入稻田之前，一定要调节好水层，以 3~5 厘米的浅水为宜。栽秧后，适当灌深水有利于秧苗活棵，栽后 5~7 天返青活棵后适当调整水层，以利放鸭；放鸭期间水管理。稻鸭共作形成的浑水含有肥料，排水会导致养分流失，故不排水，只是在稻田水层减少时适当补充一些水，以不超过 10 厘米为宜。

（四）晒田

稻田保持水深 5~10 厘米，以利鸭在田中浑水中耕，促进水稻增产。为利于浑水，稻田应鸭小水浅，鸭大水深。晒田期间，鸭仍可在田间，但保持水沟及鸭舍附近水塘有水即可。

（五）施肥

稻鸭共作原则上不施用化肥作基肥和追肥，在地力不足时，施一些有机肥。为确保不施化肥、农药、除草剂，实现严格意义上的有机稻米生产，在地力、肥料上可通过水旱轮作、种植经济绿肥作物或实施稻、鸭、萍共作等技术体系。

二、鸭子品种

选择生命力旺盛、适应性广、野性强、抗性好、产蛋期早、产蛋率高、体型中等偏小的优良鸭种，如江南一号水鸭、金定鸭、四川麻鸭、滨湖鸭、建昌鸭等。要求鸭体大小适应水稻种植密度，能满足鸭子自由穿行觅食的要求和达到除草效果。

三、放鸭数量与稻田面积

每亩大田放养雏鸭或成鸭 12~20 只。每丘面积以 2 亩左右为宜，如果面积过大，要用围网隔开饲养，避免鸭子成群聚集

踩死禾苗。

第三节　鸭子围养技术

一、围网、建舍、开沟、挖凼

1. 围网

为了防止鸭子逃跑，每亩用三指尼龙网 2~2.5 千克沿田埂围好。围网高 60 厘米，每隔 1.5~2 米用 1 根小竹竿支撑，围网离田埂 50~100 厘米。超过 80 厘米高的田埂可以不围。

2. 建舍

在田块的一边或一角按每 10 只 1 平方米的规格建一个鸭子栖息、取食、避暑、避寒的鸭舍。鸭舍用木棍做支撑，周围稍做围挡（要通风透气），舍顶用稻草或纺织袋等遮盖，避免日晒夜露。舍内用木板或竹板平铺后放一个食盆。

3. 开沟、挖凼

为了使鸭子有一个取水、洗澡的场所，在鸭舍下挖一个深 50 厘米、面积约两个鸭舍大小的凼。

二、科学饲养

鸭子孵出后，要将鸭嘴放于水中 2~3 次，使雏鸭养成吃水的习惯，防止雏鸭脱水死亡。雏鸭必须在消毒的室内饲养，室内要放置经过消毒处理的食盒和水盒作放食、盛水用。如果室内气温低于 20℃，要用大灯泡或取暖器为雏鸭取暖，取暖时要

防止鸭子聚集，避免鸭子窒息死亡。孵化出来的雏鸭每只用雏鸭全价饲料 500 克加少量米饭饲养 10~15 天后，改用米饭加稻谷、碎玉米等谷物饲养；放入大田后每天每只用稻谷、玉米等谷物类饲料 50~100 克饲养；产蛋期每天每只用稻谷、玉米等谷物饲料 100 克进行饲养。江南一号水鸭（蛋鸭）饲养 85~90 天即开始产蛋。大田饲养期间，饲料投放要适中，过少则会造成鸭子营养不良，影响鸭子正常发育，过多则不利于鸭子的田间觅食，难以达到消除水稻老叶、病叶、杂草及降低病虫发生基数的目的。

三、适时放鸭、收鸭

放鸭时间根据水稻抛（移）栽期和雏鸭饲养期来决定，即鸭子孵出饲养 18~20 天和水稻抛栽 15 天后即可放鸭于大田，成鸭可直接放入大田。

收鸭时间：在早、中、晚稻进入乳熟期，将鸭子收回或围于田间鸭舍内。

双季稻地区稻田养鸭主要有如下两种形式。

（1）在早稻和晚稻各投放一次鸭子。其特点是可收获两批鸭子，如果投放的是雏鸭，则鸭子嫩、个体小，适于作酱板鸭加工。这种模式适合放养雄鸭。

（2）全年只投放一次鸭子，即早稻移（抛）栽返青后放鸭下田，待早稻乳熟时收回成鸭圈养 10~15 天，晚稻移（抛）栽返青后再放这批成鸭下田，直到晚稻成熟时再收回。这种养鸭方式与前一种比较，特点是鸭子生长周期长，甚至还可延续至翌年，因此，适合放养雌鸭，获得产蛋利润。

四、提高鸭子产蛋率

鸭子产蛋期的长短与光照长短密切相关。在当年的 11 月至翌年的 3 月，在鸭舍内安装 100 瓦电灯，每晚增加 1~2 个小时的光照，可增加产蛋量 30%~40%。蛋鸭主要靠产蛋来实现经济效益。鸭龄 1~3 年是蛋鸭产蛋的旺盛期，鸭龄 1 年以后产蛋进入旺盛期，3 年后产蛋率下降。

五、加强饲养管理

大田饲养期间，要防止蛇、黄鼠狼等捕食雏鸭。投放饲养料时逗鸭，可减少收鸭困难。

第四节　稻—鸭病虫害防治

一、水稻病虫害防治

水稻前期的病虫草害基本不需要用药控制，稻田养鸭水稻中后期行间无杂草（图 9–2）。但稻纵卷叶螟、稻蝽蟓、稻瘟病等爆发时，可用生物农药进行防治。后期三化螟卵块产于植株叶片中上部，稻纵卷叶螟主要在叶片中上部为害，而此时植株已较高，鸭子作用削弱，可采用频振杀虫灯诱杀。

二、鸭病防治

（一）放鸭除虫

稻田养鸭，可除虫防害。首先应深入了解虫情，如果虫害

图 9-2　稻田养鸭水稻中后期行间无杂草

比较严重，可通过减少鸭子饲料，使其处于半饥饿状态来大量采食害虫，达到充分发挥鸭子防治害虫的目的，既节省了农药投资，也利于鸭子、水稻的自然成长，同时避免了稻田环境的污染，一举多得。

（二）鸭瘟

养殖者应该注意鸭瘟的预防工作，一定要定期注射疫苗。目前注射疫苗是防治鸭瘟唯一有效的预防措施。通常，当雏鸭达到 7~10 日龄时，应进行首免，即肌内注射 0.5 毫升；当雏鸭长到 25~30 日龄时，进行第二次免疫即肌内注射 1 毫升，此次注射的免疫期可长达半年；种鸭和蛋鸭在产蛋前要进行三免，肌内注射 1 毫升，此次免疫期可长达一年。

（三）鸭病毒性肝炎

此病简称为鸭肝炎，是由病毒引起的以肝脏呈现出血性炎症为特征的急性烈性传染病，具有发病急，传播快死亡率高的特点。两周龄内的雏鸭为易感群体，而成鸭通常不会发病。冬

季和春季为高发时节。

为预防此病，在日常管理中应注意环境的卫生，严格的消毒是预防的重要措施之一。经常对鸭舍进行消毒，用5%氢氧化钠水溶液喷洒消毒。此外，通过注射疫苗也是预防该病的有力措施之一。如果发现有发病情况，应该立即注射高免血清或高免蛋黄液 0.51 毫升/只。同时在本病爆发初期，应对每只鸭子进行皮下注射高免血清或高免蛋黄液，以控制疾病的蔓延。也可以采用中药疗法，即取鱼腥草、板蓝根、龙胆草、桑白皮、救必应各 300 克，甘草 50 克，黄檗 150 克，茵陈 100 克，煎成 500 毫升，加入红糖 50 克，每只雏鸭服用 5 毫升，每天服用两次，连用 35 天即可。

(四) 鸭大肠杆菌病

患有这种疾病的鸭，其精神不振，食欲减退，饮欲增强，严重时会出现气喘现象。蛋鸭患此病时，粪便中常含有蛋清，凝固蛋白、蛋黄。可通过日常消毒预防，通常每两周可对鸭舍及用具进行 1 次彻底消毒。一旦有病情发生，就要每周消毒两次。此外也可在饲料中添加氯霉素，按照 0.1%的浓度调拌饲料，连用 3-4 天即可。也可按每千克体重 1 万单位肌内注射庆大霉素，1 天 1 次，连用 3 天即可。如果使用氟哌酸预混剂，要按使用说明用药，连用 3 天。此外，复方穿心莲等中药对本病也有一定的治疗效果。

第十章　稻—鱼生态种养模式及技术

第一节　稻田选择与设施改造

一、稻田选择

养鱼稻田应选择土质好，具体指标有保水力强、无污染、无浸水、不漏水、土壤肥沃、呈弱碱性、有机质丰富；同时水源要好，具体指标有水质良好无污染、水量充足、有独立的排灌系统（抵御旱涝灾害能力强），见下图。

图　稻田选择

二、开挖环沟

以一个单元20亩为例，紧挨田埂在田内挖一条宽1.5~2米环

沟，环沟约占整块田面积的7%，主要分两部分，其中紧挨田埂40~50厘米要与田面保持同一平面，作为土埂护坡区，环沟深度为1.2~1.5米，环沟底部宽度1米以上，环沟截面为梯形，上宽下窄，斜坡比10.75，作为养殖区，边坡适度并夯实，所挖泥土用于加高加固四周田埂，预计加高50~60厘米，田埂要保证不裂、不漏、不垮塌，进水口到出水口方向落差比为3‰，利于田水排出。

三、开挖暂养池

在稻田进水口的一角开挖暂养池，暂养池占整块田面积的3%，暂养池一是用来暂养鱼苗苗种，二是便于成鱼集中捕捞，暂养池要求长4~6米，宽3~5米，深1.7~2米，比环沟深50厘米，形状因地而异，以长方形最适宜。暂养池要求水源充足，与环沟相通。如有条件的可按照10~20亩稻田配套1亩池塘作为暂养池。

四、安放进排水设施

进水口以敞口式为主，排水口采用直径30厘米的PPR管，排水管呈“L”形，一头埋于离田块底部15厘米处，另一头可拆卸，管口高度高于田埂；直径20厘米的PPR溢水管管口低于田埂，利用田内水压调节水位和溢洪，进排水设施无渗漏现象。

五、修建鱼道涵洞

为了保证环沟水流通畅，鱼类正常活动，在机械下田作业一方要安放直径80厘米加筋砼管，离环沟底部高出30厘米，避免淤泥堵塞砼管，素土回填夯实机械下田通道，保证机械能顺利上下田操作。

第二节 作物种植与鱼种放养

一、品种选择

稻鱼共生生态种养模式稻田常被水泡，水稻易倒伏，病害多。因此，应选择抗倒伏性强、抗逆性好、适应性广的水稻高产品种。

二、育秧方式

旱育保姆拌种，湿润育秧。

三、秧苗移栽

秧龄 25~30 天，叶龄 5~6 叶适时移栽。株行距 0.23 米×0.27 米，每亩插足基本苗 1.0 万~1.1 万丛。实际移栽日期 5 月 29—30 日。

四、晒田和施肥

稻田晒田是水稻增产的一项重要措施，一般在水稻栽插约 25 天后进行，一些肥田、深泥田要连续晒一个星期以上，晒到田土轻微开裂，下田泥不黏脚。晒田对养鱼有一定影响，晒田时要清整鱼沟、鱼凼，保持一定水位，并经常排灌新水，使鱼能在鱼沟、鱼凼内正常生活。也可以采用一湿一干的办法，代替晒田，这对养鱼影响不大。

不仅可以满足水稻生长对肥料的需要，促使稻谷增产，而且能增加稻田水体中的饵料生物量，为鱼类生长提供饵料保障。肥料以基肥为主，追肥为辅，基肥要占全年施肥量的 70%~

80%，追肥占 20%~30%，以有机肥为主，化肥为辅，一般有机肥作基肥一次施足。

四、水质调控管理

养鱼稻田水位水质的管理，既要服务于鱼类的生长需要，又要服从于水稻生长要求干干湿湿的环境。因而在水质管理上要做好以下几点：一是根据季节变化调整水位。4、5 月放养之初，为提高水温，沟内水深保持在 0.6~0.8 米即可。随着气温升高，鱼类长大，7 月水深可到 1 米，8、9 月，可将水位提升到最大。二是根据天气水质变化调整水位。通常 4—6 月，每 15~20 天换一次水，每次换水 1/5~1/4。7—9 月高温季节，每周换水 1~2 次，每次换水 1/3，以后随气温下降，逐渐减少换水次数和换水量。三是根据水稻烤田治虫要求调控水位。当水稻需晒田时，将水位降至田面露出水面即可，晒田时间要短，晒田结束随即将水位加至原来水位。若水稻要喷药治虫，应尽量叶面喷洒，并根据情况更换新鲜水，保持良好的生态环境。

五、鱼种投放

稻田养鱼一般在栽秧后 7~15 天，秧苗返青后开始投放鱼种。以放养草鱼、鲤鱼和鲫鱼为主。规格以 50~100 克/尾的大规格鱼种为好，每亩投放 10~20 千克为宜。鱼种下田前可用浓度为 3%~5%的食盐水浸泡 3~5 分钟进行鱼体消毒。

六、饲养管理

（一）人工投饵的必要性

稻田水浅，天然饵料有限，为提高稻田养鱼的产量，必须

补充人工饵料，如菜籽枯、糠麸或配合饲料等。投喂人工饵料时应坚持做到“定时、定位、定质、定量”。

（二）用水管理

水稻生长初期，水位保持 3~5 厘米，让水稻尽早返青，水稻生长中后期，水位保持在 15 厘米左右。

（三）田间施肥管理

为解决降水施肥时对鱼类造成的威胁，可采用段间隔施肥法。即一块稻田分两部分施肥，中间相隔 2 天左右。施肥原则一是以有机肥为主，化肥为辅；二是重施基肥，轻施追肥。

（四）田间施放农药管理

选用高效、低毒、低残留、广谱性的农药，禁用对鱼类有剧毒的农药。药应尽量喷在禾苗上，选择晴天施药，切忌下雨前施药。

第三节　日常管理

一、防缺氧

在稻鱼共养过程中，要经常加注新水，特别是在高温季节中，要加深水位，防止缺氧浮头，并做好每日巡视田块、检查摄食状况等。

二、加强水分管理

解决好水稻浅灌、烤田与养鱼的矛盾。插足基本苗，通过

有机肥底施以防止无效分蘖发生过快，采用轻烤田即白天排水夜间灌水的方式烤田，确保稻鱼生产双赢。

三、解决好追施化肥与养鱼的矛盾

一般条件下不主张追施化肥，确需施用化肥保水稻产量时，应做到整体分区分段管理，先将鱼赶到分隔开的一段，薄水条件下追施化肥 2 天后，将鱼往回赶、交叉进行。

四、解决稻田施用农药与养鱼的矛盾

虫害可采用灯光诱杀和生物防治相结合，病害采用生物农药预防，或选用高效微毒、无残留、不影响鱼生长发育的农药品种防治；草害则选择放养一定量的草食性鱼种加以解决。

五、防鸟

前期结合稻田养萍，浮萍起到一定掩体遮挡作用而防鸟害；挖好鱼溜、提升水位，结合搭棚防鸟；安装水流动力驱鸟发声器；安装防鸟网或防鸟带。

六、捕捞收获

捕鱼前一周，先疏通鱼沟，清除淤泥，然后缓慢放水，选择夜间排水，天亮时排干，使鱼全部集中在鱼沟、鱼溜中，使用小网在排水口就能收鱼，气温较高时，选择早、晚凉爽时间捕捞上市。

七、防逃

进排水口、田埂的漏洞、垮塌，大雨时水漫过田埂等都易

造成鱼苗的逃逸，因此，养殖鱼类的稻田都要加高加固田埂，扎好进排水口。

八、鱼疾病

（一）细菌性烂尾、烂鳍症

由细菌引起的烂尾、烂鳍症传染性极高，从鳍条开始，继而身体腐烂至死。这种烂鳍症有两种病征，第一种由鳍边开始腐烂，再向内伸展，第二种由鳍中央部分开始，向四面八方蔓延。患处变白色，最后脱落。鱼运送或产卵后身体抵抗力会减弱，此时最易感染此疾病。病鱼一经发现，必须立即隔离，施以抗生素或吖啶黄等药剂来治疗病鱼。烂鳍症的病征出现较慢时，治疗法是更换部分缸水，清洗过滤器和添加少许食盐入缸内，并停止喂食数天。食盐疗法的作用是增加水的比重，改变水中的渗透压，透过渗透作用的变化来杀死细菌和其他的病原体。也可直接使用市售的Sera治细菌治生虫剂、美利坚灭菌灵、女王鲸专治鱼疾病剂、女王鲸治细菌剂及AZ00治细菌剂来治疗。

（二）立鳞病

在水族箱内，常可发现鱼因罹病而导致鳞片突出并脱落。大部分病鱼的鳞片几乎会全部立起来，仅有少数的病鱼出现部分立鳞现象，如果磨擦病鱼的体表，原已松动的鳞片就会纷纷脱落。引起此病的病原体目前尚不清楚，但多在冬季和夏季水温低时发生。此病的死亡率很高，若是及早发现，施以抗生素治疗，如美利坚灭菌灵及AZ00治细菌剂也可治愈病鱼。此病无传染性，但照顾病鱼却是相当麻烦。

（三）红点病

病鱼的体侧及腹部均会出现明显的红斑点，此为其最大的特征。倘若水中细菌大量增加，鱼皮肤会受到破坏，因而充满血液，此时应立即更换缸水，便可不药而愈。严重的病鱼则需隔离，施以抗生素治疗。

（四）黴菌性疾病

鱼是变温动物，体温是随着水温而改变。当冬季水温降低，鱼体抵抗力亦随之减弱，因此受黴菌感染的情形很普遍。患病的鱼身体会长出白色棉花状物体，尤其是头上的肉瘤最易受感染。应尽量保持缸水清洁，用甲烯蓝染液涂抹患处可加快痊愈，也可施孔雀绿溶液治疗法，把病鱼浸泡于100升水含0.2克的药物溶液中，直至其痊愈为止，亦可直接用Sera治黴菌治生虫剂、女王鲸治黴菌剂、AZOO治黴菌剂治疗。

（五）白点病

这种病是由原生动物所引起，病原体名为白点虫，它会深入皮肤的细胞，进行无性繁殖，形成白色的小点状胞囊。患有此病的鱼全身满布白点，每个白点胞囊内含有许多幼小白点虫，白点虫吸取鱼体组织的营养而长大并增加数目，后来破囊而出，游到水中，再返回鱼体上侵袭皮肤，形成更多的小白点。在患病初期，病鱼会用身体磨擦硬物，希望藉此清除身上讨厌的病原体，若不立刻治疗，病鱼身体会迅速受严重破坏而死亡。当白点虫侵入鱼体后，药物治疗不能奏效，只有当小白点虫在鱼体繁殖后，新个体游到水中，药剂才能杀死它们。治疗法为使用百分之0.01浓度的孔雀绿溶液，把病鱼浸泡多天，直至小白点完全消失，孔雀绿溶液的毒性很强，不

可使用过量，否则鱼亦会被毒死，或使用市售的Sera治白点剂、美利坚立灭白点、女王鲸治白点剂、AZ00治外寄生虫剂治疗。

白点病物理治疗方法，使用药物治疗鱼白点病新手不易掌握，且治疗效果不佳。推荐物理治理方法一则，根据白点病原虫耐受水温30℃的特点，使用加温器将水温非常缓慢的逐步加热到35℃，并保持3天，之后逐步回复正常水温并调换新水，一周类白点原虫全部脱离。该方法简单易操作，副作用小，治理效果非常好。

（六）鱼虱病

鱼虱病：鱼虱是一种寄生性的甲壳类动物，大部分时间寄生在鱼身体上，只有幼虫和成虫产卵期才到水中流动。鱼虱腹面处有两个吸盘，用来吸附在鱼身体上。口部呈针状，用来刺进鱼体，吸取血液，使患处出血变红，因而易受细菌感染。除非鱼受大量的鱼虱侵袭，否则不易因此病而死亡。有机磷的杀虫剂是鱼虱的特效药，但对鱼也有害处，最好的方法是用尖钳子把鱼虱逐一除去，或用Sera鱼池治生虫剂、美利坚治生虫剂、美利坚去吸虫特效锭、女王鲸治寄生虫剂、AZ00治外寄生虫剂治疗。

第十一章　稻—螺生态种养模式及技术

第一节　稻田选择与设施改造

一、稻田选择

选择水源充足、无污染、排灌方便、保水力强、土质肥沃的田块（图 11-1）。

图 11-1　稻田的选择

二、稻田改造

放养螺种前，先翻耕土地，彻底清除田间杂草，疏通沟槽，然后用生石灰 70~80 千克，拽水消毒，杀灭水蛇、黄鳝、蛙类等敌害生物。同时，每亩稻田施畜禽粪肥 600~800 千克，用以

培育饵料生物。

第二节　作物种植与田螺放养

养螺稻田宜栽插矮秆抗倒伏水稻品种，可选用高产、优质、耐肥、抗病、抗倒伏、生育期适中的一季晚稻品种。水稻栽插方法与常规一季稻田的操作规程基本相同，田间管理上应慎重使用化肥、农药。

一、品种选择

选择病害少、抗倒伏的水稻品种。按照行距 30 厘米种植，沿田基边留出 1 米宽不种植水稻。

二、稻田施药

要选用高效、低毒、低残留无公害农药，如多菌灵、三环唑、杀虫双、井冈霉素等。施药时把药喷在稻叶上，减少水中农药浓度。

三、田水管理

水稻种植期间，最好保持微流水，田水深度 10~20 厘米，防止干水漏水，检查进出水口栏栅安全；高温时要加大流量，使水中有充足的溶氧。越冬期间，寒冷天田螺进入泥土中冬眠，每周要更换新水 1 次，同时要在水田中撒些切碎稻草或杂草以利越冬。

四、晒田和施肥

栽秧前，一次施足基肥。按每亩稻田施放农家肥 400 千克、磷肥 25 千克、碳铵 20 千克。栽秧后再追施尿素 8 千克，以利稳蔸、分蘖，以后不需施肥，以螺粪肥田。按常规晒田有利稻谷增产，原则是晒田不晒螺，做到轻晒、短晒、日晒夜不晒。适时排水和灌水，结合田沟水质换水。

五、田螺放养

（一）品种选择

应选择淡褐色、壳厚薄适中且完整、体圆顶钝、厣（螺口圆片状的盖）张合有力的种螺，规格以 60~80 只/千克为好。田螺自然寿命一般不超过 5 年，所以选择种螺不宜贪大求老。壳粗糙、色黑的、有附藻和蚂蝗寄生的种螺不要选择养殖。

（二）放养密度

首次种螺放养密度以 100~150 千克/亩为宜。有经验之后，根据池塘长年流水量、技术水平等，密度可提高到 200 千克/亩以上。

（三）投放季节

田螺卵胎生，每年繁殖春秋 2 个高峰期。每只母螺年产 100~150 只卵，分批产，每批 20 只左右（螺仔），产卵从每年 2—3 月开始。高温会抑制田螺繁殖。错过季节下种，轻则大幅减产，重则浪费一年时间。

（四）水质管理

一般 pH 值偏低的水体非常适合黏细菌的繁殖，大田螺长

期生活在这样的水体中，很容易感染黏细菌而引发溃疡病。要定期少量多次用生石灰调节水质。每周监测水质 1 次，pH 值在 6.5 以下的，0.3 米水深用生石灰 2.5 千克/亩对水全场泼洒。

有条件的每 10 天左右换水 1 次，保持水质清新。6—9 月高温季节，每天监测水温 1 次，水温到达 28℃时，加注新水并保持微流水，控制水温在 30℃以下。所以，养殖田螺的水质要溶氧充足（图 11-2）。

图 11-2　养殖田螺的水质

（五）防逃

田螺也会逃逸，特别是晚间雷雨后田螺最会逃逸。防逃方法可在进出水口设密网，防止田螺外逃。

（六）起捕上市

田螺经 8 个月的养殖即可上市，捕大留小，每亩产 500 千克左右。另外，每亩留足亲螺 200 千克，以备来年养殖。

第三节　日常管理

一、饲料投喂

要在全田均匀泼料投喂饲料。如果螺吸入营养不够，厣（螺口圆片状的盖）四周有螺肉挤出，说明缺钙，饲料中要添加虾皮糠、贝壳和骨粉等。

田螺活动适温为15~30℃，温度决定生长速度，所以不同温度投喂量不同。水体温度为20~28℃时，最适合田螺生长，可每2天投喂1次，投喂量是体质量的2%~3%。水体温度为15~20℃与28~30℃时，每3天投喂1次，投喂量是体质量的1%。另外，入冬后不食但仍需要有好水、有氧水。

夏季要加水、种植物、搭阴棚、贮深水，通过加大换水量降温，同时减少投喂量。入秋后注意保持浅水以利升温。上述只是大原则，最终还要根据螺田的水温、当天的天气、残余饲料量及田螺生长发育情况来确定。

二、田螺越冬管理

当水温下降到8~9℃时田螺开始冬眠，冬眠时田螺用壳顶钻土，只在土面留个圆形小孔，不时冒出气泡呼吸。田螺在越冬期不进食，但养殖池仍需保持水深10~15厘米。一般每3—4天换一次水，以保持适当的含氧量。

三、田螺病的防治

（1）冬眠状态。须注意夏季要防高温，因稻田的水浅，在

夏季水温可能会达到上限致死温度；而冬季越冬的泥底有机质含量不宜过高，否则易产生有毒物质而影响田螺越冬。

（2）敏感，正常生活要求水中溶氧每升在 4 毫克以上，当降到 3.5 毫克时，食欲会下降，当降到 1.5 毫克时则会引起死亡。

（3）鲤鱼摄食。

（4）农药，而且应晴天用；宜在稻田一半用一半不用。

（5）水蛭、泥鳅、黄鳝等混养，则其经济效益更佳。

种螺每平方米放 100～120 个，池中也可搭养 4 尾夏花鳙。放种螺前，先在池中投施适量的粪肥，培育饵料生物，放螺后投喂菜叶、米糠、豆饼、菜饼及动物内脏等下脚料。饼类浸泡变软后投喂，其他饲料切碎拌匀投喂，投饲量一般为田螺总重的 1%～3%，2～3 天投喂 1 次，并根据田螺的生长和摄食情况调整投饲量。

田螺疾病少，日常管理重点是管水和防止鸭、猫、蛇、鼠和鸟类等入池捕食田螺，并防止田螺外逃。田螺宜浅水，微流水养殖，池水深度以 25～30 厘米为宜。

四、防控敌害生物

田螺的敌害有鸭、鸟、福寿螺、鱼、蚂蟥、水蜈蚣、藻类、纤毛虫、红虫等。田螺是蛇、鼠、鸟等敌害生物的优质食物源，还是鸭、青鱼、鲤鱼、鲫鱼等动物的优质饲料。水中昆虫、福寿螺会掠夺田螺的营养物质，争夺生存空间。田间防鸟装置不能少，若不注意防控鸟类，会给田螺养殖带来威胁，其他敌害生物也能导致养殖失败或使成活率偏低。

第十二章　稻田复合生态种养模式及技术

第一节　稻—萍—鱼模式

稻—萍—鱼混合种养模式，是一种以水田为基础、水稻生产为中心，通过放养鱼类、绿萍等，形成稻田系统生物互惠共生、营养物质多级利用循环的水田生产新模式，近年来在其基础上又演绎出许多新形式，如稻虾混合模式、稻蟹混合模式。其特点是利用鱼控制病虫草为害，通过鱼、萍增肥刺激水稻生长，具有改善生态环境，节本省工等优点。该模式对促进水稻生产、实现农业增效、农民增收，保护农业生态环境具有重大的意义。

一、鱼沟设计鱼沟靠田边

沟的大小依田块而定，一般占田面积 5%~10%，沟深 0.5~1.0 米。丘陵山区的烂泥田、冷水田可采用垄沟形式。在插秧前 3~10 天分次挖沟起垄，每隔 50~100 厘米开一横沟，沟宽 50 厘米左右，沟深视土质而定，垄沟与边沟相通，宽深一致。垄畦上种稻，沟里放萍养鱼。

二、插秧方式

一般以宽窄行或宽行窄株栽培。宽窄行规格为宽行 26.4 厘米，窄行 13.2 厘米，株距 13.2 厘米；宽行窄株为行距 26.4 厘米，株距 9.9 厘米。这两种方式每亩达 2.5 万丛。这是协调稻—萍—鱼三者共生互惠关系的重要技术环节。

三、鱼种放养鱼种的选择

以喜萍的食草性鱼类为主，如草鱼、罗非鱼、鲤鱼。放养的比例一般为 3∶4∶3 或 1∶3∶1，也可加入少量鲫鱼和花、白鲢鱼等。选在插秧后 5～20 天的晴天放养，每亩放养量 500～1 000尾。

四、萍种搭配

早春 3 月放养细绿萍，适当搭配卡洲萍等耐高温品种，6 月后用哥伦比亚萍、小叶萍、卡洲萍代替。放养量一般每亩用细绿萍 100～200 千克，配以本地萍、卡洲萍或哥伦比亚萍各 50 千克。

五、田间管理

一要适时排灌，水稻生长前期灌浅水，中后期逐步加深水层。高温季节和连作稻田应深灌，以保证田鱼度夏；二要合理施肥，以施有机肥为主、化肥为辅，化肥一般每次每亩施用硫酸按 10 千克或尿素 5 千克以内，不用碳酸氢铵直接撒施；三要科学用药，选用对防治水稻病虫害高效而对鱼类低毒低残留的

农药，并防止在高温的中午施用；四要加强鱼的饲养管理，防天敌，防缺氧，防鱼逃。

六、绿萍施肥

施好促萍肥，扩萍的当天，每公顷用磷酸二氢钾 1.5 千克、硫酸铵 7.5 千克、甲基托布津 0.075 千克对水 1 125千克喷洒，第二天下午再喷 1 次。

七、病虫害防治

为确保鱼苗安全，不能使用对鱼苗毒性大的农药如鱼藤酮、敌敌畏、毒杀芬等高毒农药，可选用多菌灵、井冈霉素、稻瘟净等抗菌素来防治水稻病害。施药时，除加深水层外，水剂农药应在露水干后喷头朝上喷药；粉剂农药应在露水未干时施用，尽量减少药物落入田中。

第二节　稻—虾—蟹模式

稻—虾—蟹综合种养模式是虾稻连作的一种拓展模式，小龙虾和河蟹有近乎相同的天然生活的习性，两者唯一不同的就是生长旺季不同，小龙虾在 9 月到翌年 5 月，河蟹是 5—9 月，两者生长旺季的不同，就为我们进行虾蟹稻养殖模式提供了天然条件，可以在头年到翌年 5 月养殖小龙虾，在翌年 5—9 月进行蟹稻共作，最大限度地利用全年时间，产生更大的经济效益。

一、稻田准备

做好稻田的整理工作，加固田埂，清理掉稻田里腐烂的秸

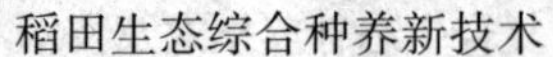

秆和杂草。

使用生石灰干法清塘每亩 75~100 千克，对稻田进行彻底清塘消毒。

种草，在环沟中加水 10 厘米左右，投放有机肥 1 亩 100~150 千克+复合肥每亩 2.5~5 千克+肥水旺进行水草种植，水草根据季节选择伊乐藻、沮草、轮叶黑藻、枯草等，随着水草的生长，逐渐加深水位。

放养苗种前 7~10 天，再次使用肥水旺+活水素培肥水体，调节水质。

二、苗种放养

（一）河蟹放养

在 2—3 月采取围沟圈养的方法，投放规格为 120~200 只/千克的扣蟹，按每亩放养 300~400 只计算放养总量，在占总面积 4%的围沟内圈养，等 5 月底 6 月初整田插秧后，大部分小龙虾上市后，立即撤围放养。

（二）小龙虾放养

在 8—10 月，待河蟹捕捞上市后，往稻田投放亲虾，每亩投放 20~30 千克，再次养殖的稻田每亩投放 5~10 千克或者投放 5 克规格虾苗 50 千克。亲虾投放要求：个体大，颜色为暗红色，有光泽，雌雄亲虾应附肢齐全、活动能力强。

1. 投放亲虾养殖模式

初次养殖时，在当年的 8 月底至 9 月初，往稻田的环形沟和田间沟中投放亲虾，每亩投放 20~30 千克，再次养殖的稻田

每亩投放 5~10 千克。

选择亲虾要把握好以下几点：其一，亲虾颜色暗红或深红色、有光泽、体表光滑无附着物；其二，个体大，雌雄性个体体重均应在 30 克以上，雄性个体宜大于雌性个体；其三，雌雄性亲虾应附肢齐全、无损伤、无病害、体格健壮、活动能力强。

亲虾应从养殖场和天然水域挑选。挑选好的亲虾用不同颜色的塑料虾筐按雌雄分装，每筐上面放一层水草，保持潮湿，避免太阳直射，运输时间应不宜超过 8 小时。亲虾投放前，环形沟和田间沟应移植 40%～60% 面积的漂浮植物给亲虾“安家”。亲虾按雌、雄性比（2~3）：1 投放。投放时将虾筐反复浸入水中 2~3 次，每次 1~2 分钟使亲虾适应水温，然后投放在环形沟和田间沟中。

2. 投放幼虾养殖模式

如果头一年养殖时错过了投放亲虾的最佳时机，可以在翌年的 4—5 月投放幼虾，每亩投放规格为 2~3 厘米的幼虾 1 万尾左右。如果是续养稻田，根据虾的密度，在 6 月上旬插秧后酌情补投幼虾，要保证合理密度。

三、饲养管理

河蟹和小龙虾饲养期间，有了稻田和水草中的天然饵料之外，还应该投喂专用配合饲料，使虾蟹生长速度更快。

养殖期间要保证水质清新，溶氧充足，及时更换新水、加注新水，并定期使用改底药物或活菌类产品进行改底调水。

坚持早晚各巡田一次，检查水质状况、蟹和虾的摄食情况。

做好老鼠、青蛙、鸟类等各类敌害侵袭防范工作。

第三节　鱼塘种稻模式

一、塘体准备

最好是“回”字形，中间略高。

二、种植时间

鱼池塘稻种植季节视品种而定，如芦苇稻每年种一季，一般在 5 月中旬种植，9 月左右即可收获。

三、种植方法

可在晒塘后，采取催芽直播、育秧移栽种植。也可在一定水位塘体，采取营养钵育苗、抛秧种植。种植水稻面积控制在鱼池塘面积的 40%左右，种植密度按株行距 0. 5 米×0. 6 米。

四、水位控制

移栽期控制在 30 厘米以下，利于扎根、返青；分蘖期控制在 30~40 厘米，利于分蘖成根；拔节孕穗期控制在 80~90 厘米，防控二化螟、三化螟；成熟期控制在 100~120 厘米，有效防控稻飞虱。

第四节　稻菌模式

一、适时移栽

一般在 4 月 10 日，盘式育秧在 3. 1~3. 5 叶抛秧，湿润秧在

4 叶左右移栽，水育秧在 5 叶移栽。密植规格以 16.5 厘米×20.0 厘米为宜，每丛栽插 2~3 粒谷。

二、科学肥水管理

科学肥水管理重在施足底肥，用 45%复混肥（15－5－15）750~1 125千克/公顷作底肥，移栽后 5~7 天结合施用除草剂施尿素 112.5 千克/公顷，幼穗分化初期施氯化钾 112.5 千克/公顷，穗期看苗适当补施穗肥。水分利用方面做到分蘖期干湿相间促分蘖，排水晒田应及时；孕穗期水管以湿为主，干湿交替；抽穗期保持浅水；灌浆期以湿润为主，干干湿湿，切忌断水过早，影响穗头。

三、病虫害防治

结合农事季节及虫情测报，及时做好纹枯病、稻瘟病、稻纵卷叶螟、二化螟、稻飞虱的防治工作，把病虫害的损失降到最低限度。

四、大田管理

（一）肥水管理

插后 7 天分别追施碳酸氢铵、氯化钾 150 千克/公顷。看苗施尿素 45~75 千克/公顷作穗肥。插秧时田间不留水，插后灌浅水促分蘖，够苗及时烤田，覆水施穗肥，苗期干湿交替至收割前 5~7 天断水，以提高结实率、千粒重，防早衰。

（二）防治病虫

主要病虫害有稻蓟马、螟虫、稻飞虱、纹枯病、稻粒黑粉

病、矮缩病等，应采取农业防治为主、药剂防治为辅的综合防治原则。同时，根据田间病虫发生及病虫预测预报对症用药，适时防治，提高防治效果。

五、稻后菌栽培技术

（一）菌种选择与制种

菌种选择大球盖菇。培养基中稻草、杂木屑、麸皮、糖含量分别为30%、45%、25%、19%。9月初制种，10月中旬种植大田，12月中旬出菇，翌年2月初结束。

（二）菇场确定

选择腐殖质含量高、排灌水方便、阳光照射时间长、距离居住地较近、便于管理的稻田。需种菇的稻田收获后，及时翻耕晒白，使土壤熟化。若田间有蚯蚓或白蚁，翻耕前施益舒宝22.55千克/公顷。

六、培养料准备及种植

水稻收获后，在10月中旬安排大球盖菇种植，以晚稻草作为培养料，约需干稻草150吨/公顷。种植时将稻草放沟（池）泡湿，堆畦压实（干稻草用量23~25千克/平方米），保持含水量在70%~75%，以手拧一把草、有水断断续续滴下为宜。以后在草面及四周点穴播种，播量1.5~2.0袋/米^2（含2.0~2.5千克），然后在草面覆2~3厘米厚的土（50%腐殖土加入5%泥炭土），以利于出苗，覆土材料不能灭菌，否则易污染杂菌，也不会出菇。覆完土，湿润覆土层，含水量以36%~37%为宜，以手握捏土粒能变扁但不会碎也不粘手为度。种好后在畦面直接盖膜或小拱棚盖膜

保温保湿。

七、科学管理

大球盖菇发菌期主要工作是调节温度和湿度，菌丝生长阶段要求料温 22~28℃，含水量 70%~75%，空气相对湿度 85%~90%。大球盖菇初生菌丝活力较弱，前期生长应注意料温变化，当超过 30℃应隔 1 米拱起薄膜一角并及时喷水降温。当畦面相对湿度达到 85%~95%时，应停止供水，使畦面菌丝倒伏后，控制徒长，刺激菌丝由营养生长进入生殖生长。当畦面菌丝倒伏后，土内菌丝开始扭结成束形成大量的白色原基。为保证原基顺利分化形成子实体，要保持畦面湿度 85%~90%，大球盖菇从原基到子实体成熟，一般要 5~8 天，10 月中旬种植，12 月中旬初出菇，从种植到第 1 批采收所需时间为 2 个月。

八、适时采收

当子实体的菌膜尚未破裂或刚破裂、菌盖呈钟形时为采收适期，最迟应在菌盖内卷、菌褶呈灰白色、孢子尚未成熟时采收。成熟度达到采收标准的菇，可用拇指、食指和中指抓住菇柄下部，轻轻扭转一下松动后再向上拔起，切勿松动周围的小菇蕾。收菇清除菇脚残料即可上市鲜销。采收若干天后浇水保湿保温促出菇，可采收至翌年 2 月初。

主要参考文献

万丽红，张亚东 . 2014. 稻田养殖实用技术［M］. 北京：中国农业大学出版社 .

夏胜平 . 2016. 稻田高效生态种养模式与技术［M］. 长沙：湖南大学出版社 .